U0163029

滑动测微技术在桩基测试中的应用

郑建国 刘争宏 著

中国建筑工业出版社

图书在版编目（CIP）数据

滑动测微技术在桩基测试中的应用/郑建国，刘争
宏著. —北京：中国建筑工业出版社，2020.7
ISBN 978-7-112-25043-1

Ⅰ. ①滑… Ⅱ. ①郑… ②刘… Ⅲ. ①试桩
Ⅳ.①TU473.1

中国版本图书馆CIP数据核字（2020）第 067513 号

基于线法监测原理的滑动测微技术具有精度高和信息量大的独特优
势。本书在工程项目经验和科研项目实施的基础上，对滑动测微技术测试
桩基内力的方法进行了深入系统研究和总结，主要成果包括滑动测微技术
的原理、桩基内力测试方法和数据处理方法等，并给出了工程应用案例。
全书共分为 4 章，分别为：滑动测微测试原理、桩基内力测试关键技术研
究、工程实例、结语。

本书可供从事桩基检测的工程技术人员和科研人员学习参考。

责任编辑：杨　允　王　梅
责任校对：李美娜

滑动测微技术在桩基测试中的应用
郑建国　刘争宏　著

*

中国建筑工业出版社出版、发行（北京海淀三里河路9号）
各地新华书店、建筑书店经销
霸州市顺浩图文科技发展有限公司制版
临西县阅读时光印刷有限公司印刷

*

开本：787×960毫米　1/16　印张：8¼　字数：164千字
2020年8月第一版　　2020年8月第一次印刷
定价：**118.00**元
ISBN 978-7-112-25043-1
（35782）

前　　言

　　桩基是一种常见的基础形式，桩的作用是利用本身远大于土的刚度将上部结构荷载传递到桩周及桩端较坚硬、压缩性小的土或岩石中，达到减小沉降、使建筑物满足正常的使用功能及抗震等要求。桩基础具有承载力高、稳定性好、沉降及差异沉降小、沉降稳定快、抗震性能好以及能适应各种复杂地质条件等特点。桩基础作为一种重要的基础形式，在高层建筑、桥梁、港口、近海结构以及大型发电厂构筑物等工程中得到了广泛应用。

　　近年来，随着经济建设与城市化的高速发展，各类建（构）筑物规模的不断增大，对桩基的要求也越来越严格。桩基工程无论是在理论研究、设计方法、施工技术，还是在质量检测和环境控制方面都面临着新的挑战，特别是在一些地质条件复杂的地区和对安全性要求特别高的建筑物，需要了解桩基在各种状态下的受力情况，通过对受荷后的桩基进行内力测试，对桩基受力特征和荷载传递机制深入研究，这对优化桩基设计和新型桩的推广利用都非常重要。

　　桩基内力测试是通过在桩身埋设测试元件，在载荷试验过程中进行相应的应变观测，从而分析各级荷载作用下桩身内力的变化规律。开展桩基内力测试，研究桩的荷载传递过程，对于合理地进行桩基的设计和施工都具有重要意义。桩基内力测试是获取桩基设计参数，了解桩基力学行为最直观、最可靠的方法。桩基内力测试结果真实反映了设计方案在工程实践中的效果，从而能有效地评定工程桩能否满足设计要求，并为桩基设计及其优化提供准确依据。

　　目前用于桩基内力的测试方法大体可分为两大类：点测法和线测法。点测法的特点在于其获得的是桩身个别深度处的应变和轴力，线测法的特点在于其可获得沿桩身连续的应变和轴力。点测法主要使用的传感器有振弦式传感器和电阻应变式传感器。振弦式传感器通常做成钢筋应力计通过焊接在桩身钢筋笼主筋上进行应变测试，传感器均含有一根特定材质与尺寸的钢弦，钢弦周围布有磁感线圈，当钢弦受力发生形变时，弦的固有频率发生变化；向磁感线圈发射一个脉冲电流，钢弦在磁感线圈磁力作用下离开平衡位置，开始振动，通过磁感线圈获取钢弦此时的振动频率，利用振动频率与应力或应变的关系可获得传感器产生的应变。电阻应变式传感器最常用的传感元件为电阻应变片，可贴于钢筋笼主筋或桩身表面进行应变测试，传感器中有金属丝，其电阻值除了与材料的性质有关之外，还与金属丝的长度，横截面积有关。将金属丝粘贴在构件上，当构件受力变形时，金属丝的长度和横截面积也随着构件一起变化，进而发生电阻变化，测得电阻变化可获得构件产生的应变。点测法用于桩身内力测试，具有价格相对便宜，传感器安装和测试相对简单的优点。但其缺点也非常突出，至少包括如下三方面：（1）测试量经过多次转换积累误差。以振弦式钢筋应力计为例，混凝土的应变测试结果需要经过如下测试物理量的转换，钢弦振动频率→钢筋受力→钢筋应变→混凝土应变，这些转换都可能累积误差，主要误差来源包括现场实际环境条件下钢弦受力和振动频率的关系可能与室内标定时不一致，以及转换过程中用到的钢筋弹性模量取值有误差等。（2）以点带面。点测法一般埋设在地层界限附近，难以反映全貌，因此个别点的测试错误，可能影响上下两层土桩侧阻力的测试值，影响范围大。（3）对于长桩，测试点较多时影响桩头混凝土强度，可能导致桩头损坏。

线测法连续测试桩身的应变，可以较好地弥补点测法的缺陷，表现在：（1）埋设在混凝土中直接测试应变，物理量转换少；（2）线测法测点多，可以对实测应变进行趋势拟合，以减小混凝土不均质的影响；（3）测点多，局部测试错误影响范围有限。同时，对线测法测得的应变进行积分，配合桩顶变形监测结果，可以得到桩身不同深度的位移；由于是连续测试，非常适合对承受负摩阻力的桩进行中性点深度测试。这些优点是点测法所难以企及的。线测法的测试技术目前包括滑动测微技术和分布式光纤测试技术。

滑动测微技术是一种线测法测试技术，20世纪80年代初由瑞士联邦苏黎世综合科技大学发明，是一种直接测试应变的技术，国内最早由中国科学院武汉岩土力学研究所李光煜教授（1982，1988）引进。进行桩身内力测试有其独特优势，现已成为我国《建筑基桩检测技术规范》JGJ 106—2014所建议的一种内力测试方法。然而该测试技术对测管的埋设质量要求较为苛刻，工程实践中往往由于测管埋设质量问题而不能获得高质量的桩身内力测试结果。此外，滑动测微技术内力测试数据如何分析，管桩中如何使用该技术，以及黄土地区桩基负摩阻力测试为何得到一些和理论不甚相符的结果，都一度成为工程界的难题。

自 20 世纪 90 年代开始，机械工业勘察设计研究院有限公司在数十项重大工程桩基内力测试中采用滑动测微技术，本世纪初又得到了下列科研项目的资助以对该技术进行系统研究：陕西省"13115"科技创新工程重大科技专项"湿陷性黄土场地桩基浸水试验研究"（2010ZDKG-60）；陕西省重大科技成果转化引导专项"基于滑动测微技术的桩基试验研究"（2015KTCG01-08）；国机集团科技发展基金资助项目"大厚度湿陷性黄土场地桩基研究"（SINOMACH08 科 149 号）等。通过上述工程项目的经验总结和科研项目的实施，解决了工程中使用滑动测微技术进行桩基内力测试的一系列难题，针对钻孔灌注桩内力测试，解决了如何有效保证测管理设质量的难题；针对管桩内力测试，研发了管桩测试用填充材料，解决了管桩如何使用滑动测微技术进行测试的问题；针对湿陷性黄土区桩基负摩阻力测试难点，提出了消除徐变的桩基负摩阻力测试方法。本书对上述研究成果和工程实践成果进行了介绍，内容包括滑动测微技术的测试原理，应用于桩基内力测试的测试方法和数据处理方法，并分享了三个分别针对普通灌注桩内力测试、黄土桩基负摩阻力测试和管桩测试的案例，以期对使用滑动测微技术进行岩土工程测试与监测的人员有所帮助。

本书的相关研究和工程实践，得到了中国科学院武汉岩土力学研究所李光煜教授的深入指导，机械工业勘察设计研究院有限公司有关领导、工程技术人员、现场工作人员等对成果做出了贡献。欧美大地仪器设备中国有限公司、广州岩泰高新技术工程顾问有限公司也提供过技术支持，在此一并表示感谢！

目　　录

第 1 章 滑动测微测试原理

采用滑动测微技术测试桩的内力，使用的仪器被称为滑动测微计。滑动测微计是基于线法监测原理设计，能在测管内滑动，利用球面-锥面接触定位原理连续地测定相邻两点之间的距离，系统测试精度达到 10^{-3}mm/m 量级的应变（变形、长度）测试仪器。通过测试两点之间不同时刻的距离，即可得到两点之间的变形。滑动测微计基于线法监测原理设计，决定了它测定的不仅是个别位置的变形，而是可以在某一轴向上连续地测量相邻两点间的信息，这样可导出整条测线上轴向变形和位移分布，适合于大坝、隧道、边坡和地下连续墙等的变形监测和缺陷位置探测。而其 10^{-3}mm/m 量级高精度的变形测试，使之达到了桩基内力测试所需的应变测试精度，通过精心测试可以获得较为理想的桩基内力测试结果。

1.1 线法监测原理

作为滑动测微技术基础的线测法监测技术早期是应岩土工程应变（变形）监测工作需要发展起来的。岩体和土体是各类工程设施建设的依托，岩土体的结构、构造、应力状态和力学性能影响着工程建设的设计和施工，决定着工程设施的安全性和经济性。虽然工程建设前一般都会进行岩土工程或工程地质勘察，探测岩土体的结构构造体系和物理力学参数，但由于绝大多数岩土体在形成过程中经过造岩运动、构造运动以及非构造运动，使得地质体内部往往存在着各种各样的地质界面，岩土体结构构造体系极其复杂，非均质、非弹性、非连续并且具有初始应力成为岩土体的特征。在当前技术水平下，无论勘察工作多么细致，也往往不能完全描述岩土体的结构构造，不能准确测定其物理力学参数。即使开展了大量工作，取得了比较详细的地质资料，在设计计算过程中还需要作各种假设和简化，以建立计算模型。在勘察和设计阶段都存在不确定性因素，需要通过施工期和运行期的监测来保证工程设施的安全，验证设计的合理性并通过信息反馈及时修正设计和施工方法（李光煜，2001）。

工程建设中与岩土体相关的监测被称之为岩土工程监测，监测项目有很多，如压力、应力、应变、变形、渗透、振动等，其中应变（变形）监测应用最为普遍，同时也是最直观的参数，因为它是岩土体结构和性质综合反映的结果，也是工程稳定性最重要的判断依据，同时通过应变（变形）也可计算应力和位移。岩土工程应变（变形）监测可归纳为两类，一类是监测两点之间的轴向分量，另一类是垂直于两点连线的横向分量。第一类应变（变形）监测的传统方法是在岩土体中个别关键位置埋设监测元件监测，获得埋设位置的应变（变形）量，被称之为点法监测。岩体是多裂隙体，变形主要集中在节理、裂隙和断层等结构面处，许多工程实践表明，洞室工程、岩基或岩质边坡发生大规模的变形破坏，甚至崩塌、滑坡，分析其原因，往往是岩体中结构面的存在导致稳定性的降低，在很多情况下沿着结构面发生破坏，即结构面往往控制着岩体的稳定性。上述点法监测只能得到个别点处的应变，很难确定最大应变（变形）的部位，也即难确定结构面的位置以及其变形特性，不能全面监控和评估工程的安全性和合理性。鉴于此，20 世纪 80 年代初，瑞士联邦苏黎世科技大学岩石及隧道工程系 K. Kovari 教授等提出了线法监测原理，区别于只能测定元件埋设处应变信息的点法监测。

K. Kovari 等（1983，1985）描述线法监测原理如图 1.1 所示，实线①为被测体（如岩体或混凝土体）中的一条直线，将其视为一条测线。被测体发生变形时，这条直线也会发生变形，知道越多测线变形的信息，我们越能更全面地认知测线临近被测体的变形。怎样完整描述一条直线的三维变形呢？显然可在笛卡尔坐标系（x，y，z）中采用沿直线连续变化的位移向量 u、v 和 w 来表达直线的扭曲。另一方面，也可采用轴向应变 ε（压缩或伸长），联合两相互垂直平面（平行于测线）上的曲率 k_{xy} 和 k_{xz} 来描述变形，当然也可以采用斜率 α_{xy} 和 α_{xz} 代替曲率。这些描述直线变形的不同方式可以做等效变换，对轴线应变 ε 进行积分可以得到轴向位移 u，对曲率进行积分可以得到对应的转角，进一步积分可以得到侧向位移，即（当小变形，转角 α 不大时）：

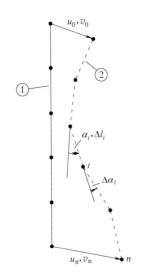

$$u = \int \varepsilon \, \mathrm{d}x \qquad (1\text{-}1)$$

$$\alpha_{xy} = \int k_{xy} \, \mathrm{d}x \qquad (1\text{-}2)$$

$$v = \int \alpha_{xy} \, \mathrm{d}x \qquad (1\text{-}3)$$

$$\alpha_{xz} = \int k_{xz} \, \mathrm{d}x \qquad (1\text{-}4)$$

$$w = \int \alpha_{xz} \, \mathrm{d}x \qquad (1\text{-}5)$$

图 1.1　直线变形的测试
①—变形前直线；②—变形后直线

式中，u、v、w 分别为 x（轴向）、y（侧向）、z（侧向）三个方向上的位移；k_{xy}、k_{xz} 分别为 xy

平面和 xz 平面的曲率；α_{xy}、α_{xz} 分别为 xy 平面和 xz 平面的转角。

这些表达式也可以采用微分表达，如：

$$\varepsilon = \frac{\mathrm{d}u}{\mathrm{d}x}, \quad \alpha_{xy} = \frac{\mathrm{d}v}{\mathrm{d}x}, \quad 等。$$

因此，既可以采用诸如位移矢量的积分变量，又可采用诸如轴向应变和曲率这样的微分变量来表达直线的变形。问题在于哪些变量可以直接测试，答案取决于两方面因素，一是通过监测希望得到什么样的信息，二是当前的仪器的技术现状。而从这两方面分析的结果都应该是直接测量微分变量。

如图 1.1 所示将连续的测线离散为具有参考点的"链条"，任意两相邻参考点之间的距离恒定为 l，这样连续变形测量问题简化为观测两相邻参考点之间的相对位移。在二维平面，下列物理量都是可以直接测试的：（1）直线段长度的变化量 Δl_i，据此也可得基距长度 l 上的应变 ε；（2）转角的变化量 $\Delta \alpha_i$，据此也可得曲率；（3）转角 α_i。

与式（1-1）～式（1-3）类似，对直线的变形，有下列关系：

$$u_n = \sum_1^n \Delta l_i + A \tag{1-6}$$

$$\alpha_n = \sum_1^{n-1} \Delta \alpha_i + B \tag{1-7}$$

$$v_n = l \sum_1^n \alpha_i + C \tag{1-8}$$

式中，u 为轴向位移；v 为侧向位移；l 为相邻参考点之间的距离（基距）；Δl_i 为相邻参考点之间距离的变化量；A、B、C 为积分常量。

如果要测试直线的三维位移，需要在垂直于图 1.1 平面的另一个平面上进行测试，上述的关系式也可延展至这个平面。积分常量 A、B、C，在解决有些问题时需要知道其确切值，通常直线两端的起端值（u_0，v_0，α_0）或末端值（u_n，v_n，α_n）是已知的或者是可测的，据此可计算得 A、B 和 C 值。

基于上述理论，K. Kovari（1985）团队考虑研发 3 种线测法测试仪器（图 1.2），如果仅能测试两相邻参考点间距离变化量 Δl_i，则为便携式应变计，即"滑动测微计"（Sliding Micrometer）；如果对于竖直测线，除了能测 Δl_i，还增加了加速度传感器测试竖向两相互垂直平面上的转角 α_i，则得到了"三向位移计"（Trivec）探头，采用该探头可以测试三维的位移量；探头由两段组成，相互之间可以轻微旋转，设计来测试轴向应变和曲率（通过测试 Δl_i 和 $\Delta \alpha_i$ 实现）的探头则被称为"引伸-挠度计"（Extenso-Deflectometer）。

此外，如图 1.3 所示，对于桩、地下连续墙以及大坝芯墙等截面为细长形的被测体（李光煜，2001），设置 a 和 b 测线距离中心轴的距离均为 $d/2$，当测定

了 a、b 两条测线上轴向应变分布后，即可计算出被测体截面中心轴的变形（图 1.3）。对应图 1.3，有：

$$\bar{\varepsilon} = (\varepsilon_a + \varepsilon_b)/2 \tag{1-9}$$

$$k = (\varepsilon_a - \varepsilon_b)/d \tag{1-10}$$

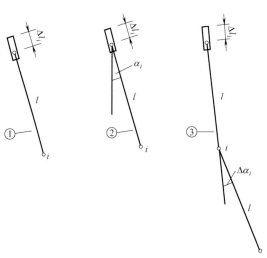 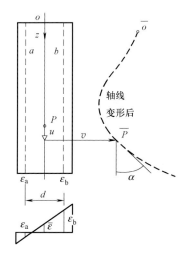

图 1.2　三种线测法测试仪器原理
①—滑动测微计；②—三向位移计；③—引伸-挠度计

图 1.3　细长截面被测体应变分析

$$\alpha = \int k \, \mathrm{d}z \tag{1-11}$$

$$v = \int \alpha \, \mathrm{d}z \tag{1-12}$$

$$u = \int \bar{\varepsilon} \, \mathrm{d}z \tag{1-13}$$

式中，$\bar{\varepsilon}$ 为平均应变（近似为中心轴线上的应变）；k 为曲率；α 为转角；v、u 分别为横向和轴向位移分量。

将式（1-9）～式（1-13）离散化，有：

$$\bar{\varepsilon}_i = (\varepsilon_{ai} + \varepsilon_{bi})/2 \tag{1-14}$$

$$k_i = (\varepsilon_{ai} - \varepsilon_{bi})/d \tag{1-15}$$

$$\alpha_n = l \sum_{i=1}^{n} k_i + A \tag{1-16}$$

$$v_n = l \sum_{i=1}^{n} \alpha_i + B \tag{1-17}$$

$$u_n = l \sum_{i=1}^{n} \bar{\varepsilon}_i + C \tag{1-18}$$

在单桩竖向静载试验过程中测试桩基内力，主要是测试轴向应变，因此使用滑动测微计即已足够（也可仅使用三向位移计测轴向应变的功能）。即使是对于单桩水平静载试验，通过内力测试绘制桩身弯矩分布图，需要用到曲率这个参数时，实际中也宁可通过测试图1.3所示 a、b 测线的轴向应变（变形）来得到曲率，而不采用三向位移计测试转角（侧向变形）来获得，其原因包括：（1）当前三向位移计横向变形比纵向变形的测试精度低一个数量级；（2）安装测管时很难保证测管不扭转，也即很难保证下部测试得到的侧向变形是我们想要的那个方向的侧向变形。因此，不管是单桩竖向静载试验还是水平静载试验，采用滑动测微计进行内力测试就已足够。在此着重叙述滑动测微计的测试原理。

滑动测微计是基于上述线法监测原理研发的仪器，如图1.4为滑动测微计测试系统和原理示意图，滑动测微计测试系统包括测试探头、导向链、测量电缆、

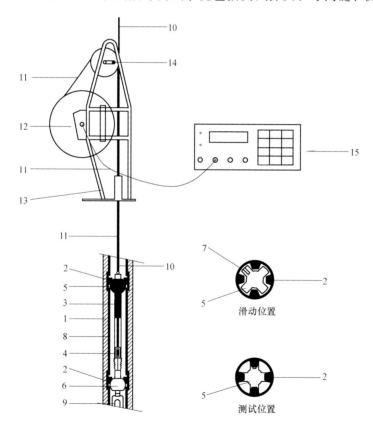

图1.4 滑动测微计测试系统和原理示意图

1—被测体；2—测标；3—测试探头；4—线性位移传感器；5—上球形头；6—下球形头；
7—探头方向槽；8—套管；9—导向链；10—操作杆；11—测量电缆；12—绞缆盘；
13—电缆绞车；14—绞车操作手柄/制动；15—数据采集仪

套管和测标、数据采集仪、操作杆等部件和标定筒。为了实现应变（变形）测试的高精度，滑动测微计使用了球-锥定位原理（K. Kovari，1985）来进行测试，如图 1.5 所示，该原理的内涵是指当锥面和球面接触时球心坐标是唯一确定的，因此滑动测微计测试系统把测标设置成锥面（图 1.6），测试探头与测标接触的部分设置为球面（图 1.7），据此在测试时可以获得高精度和高重现性的定位。

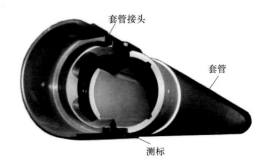

图 1.5　球-锥定位原理　　　　　　　　　图 1.6　套管实物

如图 1.6 为滑动测微系统的套管实物图，套管由硬塑料（高聚合度聚氯乙烯）制成，测标位于套管接头当中，为一金属锥形环。套管与套管接头互相连接，浇筑于混凝土或钻孔中即在被测体（混凝土或岩土体）形成测线。套管与套管接头的规格固定，使得测线中相邻测标的距离为 1000mm。

如图 1.7 为滑动测微计探头实物图，为一个标距 1m，两端带有球状测头的探头，内装位移计和温度计。

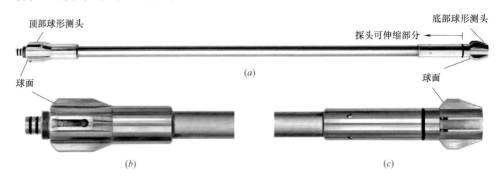

图 1.7　滑动测微计探头实物

（a）探头全貌；（b）顶部球形测头（局部放大）；（c）底部球形测头（局部放大）

如图 1.4、图 1.6 和图 1.7，为了使探头能在套管内滑动和测试，测标和探头的球形测头均被设计成四瓣。测试时，通过旋转探头的方向，可以使滑动测微计在滑动状态和测试状态转换。探头的旋转，主要通过旋转连接在探头上方的操作杆实现，操作杆一般为单根长 2m 的金属杆。如图 1.4 所示的"滑动位置"，测标环的金属突起和球形测头的突起相互错开，此时滑动测微计探头可以在测管内不同深度滑动；需要进行测试时，将探头在垂直于测线的方向上旋转 45°（可通过导向链控制角度），即转换成测试状态，此时，测标和金属突起和球形测头的突起重合（图 1.4 所示的"测试位置"），测标锥面和探头球面接触具有的极好重复性和极精确位置关系，可保证探头定位灵敏度达到 ±0.001mm。测试过程中，首先使位于深部的"底部球形测头"和远离操作位置的测标接触，继续对探头施加拉力，则探头可伸缩部分张开，"顶部球形测头"和靠近操作位置的测标接触。据此，可测试得到两相邻测标之间的距离，当两被测体发生变形，带动测标之间位置改变时，通过不同测次测试两相邻测标距离的变化，即得前述距离变化量 Δl_i，距离变化量 Δl_i 除以相邻测标的距离 1000mm，即得该测段的应变。

如表 1.1 为某款滑动测微计的技术参数表，可以看出该滑动测微计测试（两测标之间）距离的精度可达 ±0.003mm，灵敏度为 0.001mm，由于基距为 1000mm，因此对应变的测试精度为 ±3$\mu\varepsilon$，灵敏度为 1$\mu\varepsilon$，可满足桩身内力测试对应变测试精度的严苛要求。

滑动测微计技术参数表 　　　　　　　表 1.1

探头		数据采集仪	
基距	1000mm	量程	10mm
量程	10(±5)mm	灵敏度	0.001mm
精度	±0.003mm	工作温度	0~40℃
灵敏度	0.001mm	显示器	LCD 液晶屏
工作温度	0~40℃	电池	充电电池
线性	<2‰F·S	电池工作时间	5~10h
水密性	15bar	外部充电器	110V,220V/50~60Hz

1.2　滑动测微计标定

标定是确保滑动测微计高精度测试的一个重要措施，通过标定，可以获得仪器的零点和率定系数，在每次现场测试前后进行标定，可以减小仪器零点漂移和机械原因影响，保证测试数据的可靠性。

探头标定在标定筒中进行，如图 1.8 所示，标定筒由铟钢制成，筒内有两个由硬化不锈钢金属制成的锥形测标，标定筒方向不同（水平旋转 180°），对应了两个标定位置 E₁ 位置和 E₂ 位置。铟钢的低热膨胀系数（0~30℃时线性膨胀系

数约 $1\times10^{-6}/℃$）保证了探头 E_1 位置和 E_2 位置长度的稳定性。E_1 和 E_2 位置的长度分布在 997.5mm 和 1002.5mm 附近，相差 $\Delta e=5$mm 左右（更精确数值标注在标定筒上，不同标定筒的确切数值不尽相同），同时两位置长度的平均值为 1000.000mm（图 1.9）。

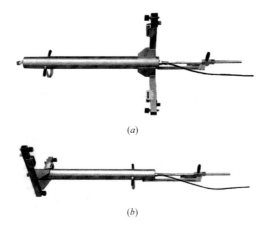

(a)

(b)

图 1.8　探头标定

（a）探头处于标定装置的 E_2 位置；（b）探头处于标定装置的 E_1 位置

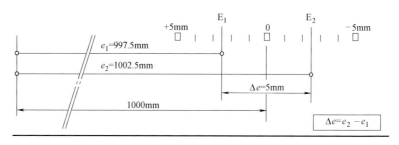

图 1.9　标定装置示意图

标定过程如下：

（1）在进行仪器标定前，连接所有设备开机 20min 左右。

（2）将探头放置在标定装置的 E_1 位置（图 1.8b）并记录数据采集仪读数，从标定装置中将探头移出再重复操作 2 次，获得 3 个数据，将其算术平均得标定值 e_1。

（3）在 E_2 位置按（2）操作，获得标定值 e_2。

例：

E_1 位置测试结果：$-2611/-2610/-2609$　　平均值 $e_1=-2610$

E_2 位置测试结果：2450/2452/2451　　　　平均值 $e_2=+2451$

(4) 根据标定值 e_1 和 e_2 按下式计算 Δe 和仪器零点（z_0，其物理意义为测标间距刚好为 1000.000mm 时的仪器读数）。

$$\begin{cases} \Delta e = e_2 - e_1 \\ z_0 = \dfrac{e_1 + e_2}{2} \end{cases} \tag{1-19}$$

例：

$$\Delta e = 2451 - (-2610) = 5061$$
$$z_0 = (-2610 + 2451)/2 = -80（取整）$$

(5) 将标定装置上给出的实际 E_1 和 E_2 位置差值（厂商提供，例如为 5.075mm）除以标定 Δe 既得率定系数 K。

例：$K = 5.075mm/5061 = 1.003$（$\times 10^{-3}$mm）。

将每次野外测试前后标定确定的仪器零点和率定系数平均值作为本次测试的仪器零点和率定系数。由于制作标定筒的铟钢仍具有热膨胀性，宜按仪器说明书建议的恒定室温下进行标定（一般宜在 $20 \pm 1℃$ 的温度下进行标定）。

滑动测微计读数一般以压缩为正，拉伸为负，即当数据采集仪所示读数大于 z_0 时，表示两测标间距离小于 1000.000mm，反之则大于 1000.000mm。两测标之间的距离可以按下式计算。

$$l = 1000.000 - (\delta - z_0)K/1000 \tag{1-20}$$

式中，l 为两测标之间的距离，mm；δ 为测试得到的数据采集仪读数；z_0 为仪器零点；K 为率定系数，10^{-3}mm。

当有多次测试时，两标点之间的变形（Δl_i）和平均应变（ε）可按下列公式计算。

$$\Delta l_i = \left[(\delta_i - z_{0i})K_i - (\delta_1 - z_{01})K_1 \right]/1000 \tag{1-21}$$

$$\varepsilon_i = \frac{\Delta l_i}{l} \tag{1-22}$$

式中，δ_1 和 δ_i 分别为第 1 次和第 i 次测试得到的数据采集仪读数；z_{01} 和 z_{0i} 分别为第 1 次和第 i 次测试前后标定得到的仪器零点；K_1 和 K_i 分别为第 1 次和第 i 次测试前后标定得到的率定系数；Δl_i 为两测标所组成测试单元的变形，mm；ε 为两测标所组成测试单元的应变。

对于桩基内力测试来说，一般使用式（1-23）计算应变，这时应变的单位为 $\mu \varepsilon$（微应变，10^{-6}）。

$$\varepsilon_i = (\delta_i - z_{0i})K_i - (\delta_1 - z_{01})K_1 \tag{1-23}$$

第 2 章　桩基内力测试关键技术研究

在工程实践中经过多次试验与摸索，总结出使用滑动测微计测试的关键技术要点，并针对不同桩型分别总结了测试方法，在多个工程实例中巩固和验证，收到良好效果。本章将对灌注桩和 PHC 管桩桩基内力测试的要点和方法分别进行介绍，主要包括测管安装、现场测试和资料整理三方面内容。

2.1　灌注桩测管安装

滑动测微法对测管的安装要求非常高，要求测管内的测标表面始终是清洁的。因此，现场埋设时测管的防渗措施非常关键，防渗措施不好可能使得桩孔中的泥土和水泥颗粒通过渗流大量进入测管污染测标，影响测试的精度和效果，反之防渗措施好则可为测标的清洁提供重要保障，保证测试的良好精度和效果。灌注桩施工过程中测管所处环境随着施工过程发生着较大变化，对测管在环境变化中的防水性能缺乏定量的研究，这给测管安装质量带来了很多不确定性，特别是一些超长灌注桩，浇筑过程中对压差的控制尤为关键。为此专门设计和制作了一套装置，定量测试了不同防渗措施的防水性能和渗透特征，基于测试数据和理论分析提出了测管安装过程中应注意的事项，可以指导滑动测微计桩身内力测试的测管安装工程实践，同时也可为类似试验装置设计，以及滑动测微计用于岩体、大坝变形监测等其他用途的测管安装提供参考。

2.1.1　灌注桩内力测试的测管安装环境

从第 1 章滑动测微计的测试原理可以看出，要使滑动测微计达到较好的变形测试精度，需要满足两个关键条件：一是测标表面保持清洁，细小的颗粒附着都可能引起不可接受的测试误差；二是测标要与桩身混凝土位移协调一致。而在工程现场，引起测标污染的原因主要是测管外的泥浆或混凝土浆液通过渗透进入测管。增强测管的防渗性能，以及减小测管内外的水压力差均有助于减小进入测管的杂质数量。测管中可能引起渗漏的位置主要包括 2 处，分别是套管与接头的接触界面，以及测标与接头的接触界面。对于套管与接头界面，厂家提供了 O 形圈防渗，如图 2.1 所示；《滑动测微测试规程》CECS 369：2014 基于工程实践经验，提出了在界面上涂抹胶水，在套管与接头的连接处缠防水胶带增强防渗的措施。对于测标与接头界面，由于担心影响测标与混凝土的位移协调，工程中一般不额外采取增强防水措施。对于减小测管内外的压力差，在测管中注入清水是一个办法。总的说来，目前工程中采取防止测标污染或者防止测管外杂质通过渗流进入测管的措施包括：设置 O 形圈、涂胶、缠胶带和测管内注水。

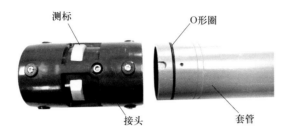

图 2.1　测管自带的防渗措施

对于测管内外的水压力差，由于不同桩孔内地下水位或护壁泥浆液面高低不同，混凝土的流动性存在差异等原因，使得工程现场可能出现测管内压力大于测管外压力（内压大于外压）情况，也可能出现外压大于内压的情况。总的来说，研究测管上述不同防水措施和不同压差条件下的渗流响应，对指导工程现场测管的高质量埋设，分析评估现场某些现象后面的本质及其影响具有重要意义。

2.1.2　滑动测微管抗渗性能测试装置

定量试验测管不同防水措施和不同压差条件下的渗流响应，无适宜的现成仪器，为此专门设计和制作一套测试装置。

根据流体力学有关理论，容器壁上开孔，流体经孔口流出的水力现象称为孔口出流。孔口出流的流量公式为（陈长植，2008）：

$$Q = \mu A \sqrt{\frac{2\Delta p}{\rho}} \tag{2-1}$$

式中，Q 为流量；A 为孔口面积；Δp 为孔口的进出口压强差；ρ 为流体密度；μ 为流量系数，根据孔口类型取值。

从式（2-1）中可以看出，流量与压强差（压差）单调正相关，已知流量和压差可以求得孔口的大小及其变化。因此，测试装置需要具有控制压差和测试液体流量的功能。基于上述理论，设计了如图 2.2 所示的滑动测微管抗渗能力测试装置，该装置能够实现在滑动测微管内外产生最大 1MPa 的压差，并可测试不同压力差下水的渗漏量，装置主要包括以下几个部分：

（1）压力室。依据标准《压力容器》GB 150—2011 设计，为壁厚 1cm，外径 30cm，高度 100cm 的腔体，两端开口处分别焊接有法兰和封头；密封采用法

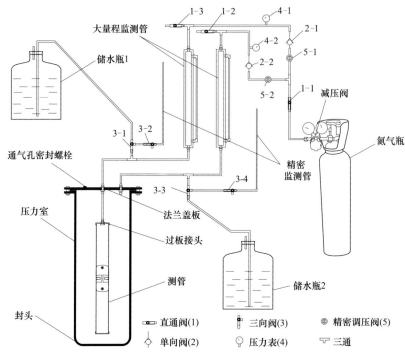

图 2.2 滑动测微管抗渗能力测试装置

兰加垫圈组合，可承受 5MPa 压力；法兰盖板上设置有通气孔和内外压力气管，其中内压气管与测管连接，外压气管与压力室相通。

（2）测管。主要由套管、接头（含测标）、堵头和过板接头组成，试验用套管长 30cm；堵头设置在测管两端，并用强力胶进行密封；过板接头接在堵头上，在堵头两侧通过高压密封垫圈进行密封。

（3）压力控制系统。采用高纯氮气瓶作为压力源，气源压力 12.5MPa，氮气瓶口处安装有减压阀，可控制出口处的压力值。通过设置两组精密调压阀和压力表的组合来分别控制压力室和测管内的压力，形成不同工况的压力差。精密调压阀量程 0.01～1.00MPa，灵敏度 0.2％以内，压力表量程 1.60MPa，0.25 级精度。

（4）渗水量测量系统。包括两个大量程监测管和两个精密监测管，当渗流量较大时使用大量程监测管，渗流量较小时使用精密监测管，监测管可分别测量压力室与测管中的水量变化；大量程监测管内径 3.00cm，外部通过直角弯头连接有透明尼龙管，尼龙管与监测管内部联通，监测管外侧与尼龙管平行方向贴有刻度标，可直接读出监测管中的水位，分辨精度为 0.35mL；精密监测管为一根内径 4.0mm 的透明尼龙管，分辨精度可达到 0.0063mL。

2.1.3　不同工况及压差的渗流量测试

2.1.3.1　试验工况及压差

试验所用滑动测微管为国内常用的测管，套管外径 64.0mm，内径 56.0mm，设计承受压力 1.0MPa，实物见图 2.1 和图 2.3。

为了评价各种防水方式的有效性，本试验共在套管与接头界面设置了三种防水措施的对比试验，具体如下：

第一种：仅利用测管自身 O 形圈进行防水；

第二种：在第一种防水措施基础上，在套管与接头连接缝隙处缠"高压绝缘自粘带"和"PVC 电器阻燃胶带"各两层（外观和图 2.3 右图一致）；

第三种：先在套管与接头连接的缝隙处涂抹"U-PVC 硬塑专用胶"，再在套管与接头连接缝隙处缠"高压绝缘自粘带"和"PVC 电器阻燃胶带"各两层，如图 2.3 所示。

图 2.3　防水措施构成

每种防水措施都进行了外压大于内压和内压大于外压两种工况的试验，试验中分别记录不同压差下的渗流量。具体试验方案如表 2.1 所示。该试验方案包括了三种防水措施、两种试验工况（"外压大于内压"和"内压大于外压"）、不同压差级别的试验，压力范围覆盖了套管的设计承压能力范围。另外，为了直接确认第三种防水措施是否仍存在渗漏，试验前对第三种防水进行了压力平衡试验，试验方法为增大内压至 700kPa，然后关闭气源，让测管内外压力进行平衡，并记录内压和外压随时间的变化。如果经过一段时间，内压和外压相等或接近，说明该措施下仍然存在渗漏。

			试验方案		表 2.1
试验编号		防水措施	试验工况	压差增量(kPa)	测量内容
1	1a	第一种	增加外压,内压恒为 0kPa	50	不同压差的渗流量
	1b	第一种	增加内压,外压恒为 0kPa	20	
2	2a	第二种	增加外压,内压恒为 0kPa	50	
	2b	第二种	增加内压,外压恒为 0kPa	20	
3	3a	第三种	增加外压,内压恒为 0kPa	50	
	3b	第三种	增加内压,外压恒为 0kPa	50	

2.1.3.2 测试方法

1. 测试准备

试验开始前进行装置气密性测试,确保整个系统在设计压力条件下气密性良好。将测管放入压力室内(图 2.4),然后将压力室、测管注满清水,并将监测管内的水位调整到读数范围。

图 2.4　试验现场照片

2. 外压大于内压的试验

试验过程中控制测管内压为 0kPa,逐级增大压力室内压力,每级稳定后记录一定时间内的渗水量。具体操作过程如下:

(1)打开气瓶的阀门,调节精密调压阀 5-2 并观察压力表 4-2 读数,使压力差达到第一级压力,稳定 10min 后,记录连接测管的监测管的水位读数,经过 1min 后,再次记录水位读数,得到 1min 时间内渗水量。

(2)继续调节精密调压阀 5-2 使压力差达到第二级,稳定 10min 后,记录连接测管的监测管的水位读数,经过 1min 后,再次记录水位读数,得到 1min 时间内渗水量。

（3）依次逐级增大至压力室压力为 950kPa，各级压力下稳定 10min 后，记录 1min 时间内渗水量。

3. 内压大于外压的试验

与前述外压大于内压试验类似，试验过程中控制压力室压力为 0kPa，调节精密调压阀 5-1 逐级增大测管内压力，每级加压经 10min 稳定后记录 1min 时间内的渗水量。若试验过程中出现水位突然异常增大的情况则停止试验，此时已发生测管内水位低于套管接头，发生气体从渗漏处溢出的情况。

表 2.1 中所有试验采用同一根测管，试验顺序为 1a→1b→2a→2b→3a→3b。

2.1.3.3　试验结果与分析

第三种防水措施下，增加内压至 700kPa 后静置，测得内压与外压随时间的变化曲线如图 2.5 所示。由图 2.5 可知随着时间的增长，内压与外压逐渐接近，并且开始段内压与变压的变化速率较快，随着内压压力的减小，变化速度逐渐减小。当超过 120min 时，内压与外压基本稳定，压差维持在 60kPa 左右。以上试验结果说明即使在第三种防水措施下测管也会发生渗漏。

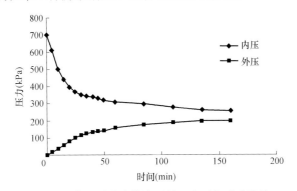

图 2.5　第三种防水措施下的压力平衡试验结果

"外压大于内压"工况（"外压大"工况），不同压差作用下三种防水措施的渗流量见图 2.6。由图 2.6 可知，三种防水措施下均发生了渗流，但渗流量总体较小，第一种防水措施下 950kPa 压差范围内最大渗流量不超过 1.00mL/min，第二种防水措施下不超过 0.50mL/min，第三种防水措施下最大渗流量不超过 0.10mL/min。

当压差不超过 650kPa 时，第二种防水措施较第一种防水措施效果要好，但当压力在 650～850kPa 时，两种防水措施效果相近，可见，缠"高压绝缘自粘带"和"PVC 电器阻燃胶带"仅可提高低压差下的防水效果，当压差较高时，两种防水措施的差异不大。

第三种防水措施的效果远远好于前两种，小于 200kPa 时基本不发生渗流，当高于 200kPa 时，渗流量基本稳定，维持在 0.07mL/min 左右。

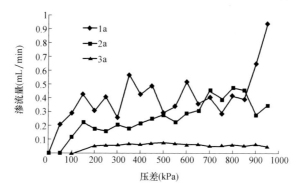

图 2.6 外压大于内压下三种防水措施的渗流量随压差变化

"内压大于外压"工况（"内压大"工况），不同压差作用下三种防水措施的渗流量如图 2.7 所示，从图中可以看出该工况下的渗流量要远大于"外压大"工况，各试验终止时由于测管内水的排出，水位均下降超过了套管接头位置。同时可看出三种防水措施的效果差异性较大，前两种防水措施下随着压差的增大，排水量呈指数型增长，在压差很小的情况下（第一种为 40kPa，第二种为 60kPa）就已经超过 10mL/min。在 100kPa 的压差作用下，第一种防水措施的渗流量达到了 160mL/min，第二种防水措施的渗流量达到 60mL/min。相比于前两种防水措施，第三种防水措施的渗流量随着压差增长缓慢，当压差为 100kPa 时，渗流量不超过 0.03mL/min，当压差增长到 650kPa 时，渗流量不超过 4mL/min。

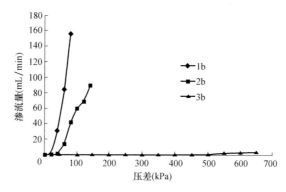

图 2.7 内压大于外压下三种防水措施的渗流量随压差变化

为再次确认第三种防水措施的防水效果，另外制作一根测管，增加了一组平行试验 4a、4b（试验顺序为 4a→4b），4a 与 4b 均采用第三种防水措施，4a 为"外压大"工况，4b 为"内压大"工况。3a 和 4a，3b 和 4b 的试验结果对比见图 2.8 和图 2.9。由图可知，两根测管所表现出的规律基本一致，但第二根测管的渗水量要略大于第一根，"外压大"工况，4a 试验的渗水量约为 3a 的两倍，但最大渗水量不超过 0.25mL/min；"内压大"工况，压差达到 500kPa 时，两根测管的渗水量都发生了陡增，是一个临界压差点，该临界压差点以内的渗水量不超过 2mL/min。

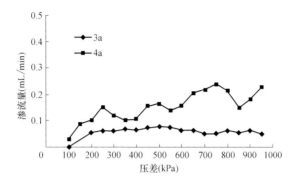

图 2.8 外压大于内压下第三种防水措施的渗流量随压差变化

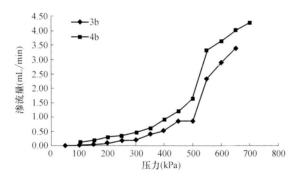

图 2.9 内压大于外压第三种防水措施的渗流量随压差变化

为了确定第三种防水措施下测管的渗漏位置，对第二根测管进行了压力室外的"内压大"工况试验，发现渗漏主要发生在金属测标与套管接头结合处，压力在 200kPa 时，肉眼就能观察到渗水，压力到 300kPa 时渗漏非常明显，而套管与接头连接处未发现渗漏，如图 2.10 所示。

2.1.4 滑动测微管防水建议与渗漏控制

上述试验说明在测管安装过程中完全不发生渗漏是很难实现的，鉴于工程上已有不少试验获得成功，说明有一定量的渗漏是允许的，我们需要做的是尽可能减小"从外向内"的渗漏量。根据测试结果，第三种防水措施（O 形圈＋涂胶＋缠胶带）的防水效果要远好于第一种（O 形圈）和第二种（O 形圈＋缠胶

(a)　　　　　　　　　　　　　　(b)

图 2.10　渗漏位置试验

(a) 200kPa；(b) 300kPa

带)。鉴于第三种措施在工程实践中也易于实施，建议埋设测管时均采用第三种措施防水，现基于第三种措施第二根测管（偏保守）的有关测试数据（图 2.8 和图 2.9 中的 4a 和 4b）进行有关讨论。

2.1.4.1　渗水通道直径

根据试验结果，第三种防水措施的渗漏位置只在测标与接头接触界面，该位置处存在渗水通道，为了解渗水通道的大致直径，确定什么粒径范围的颗粒可以通过通道，做如下假定和近似：（1）渗水通道为圆锥形管；（2）内压大于外压时，孔口按收缩圆锥形管嘴考虑（流量系数 μ 近似取 0.95）；（3）外压大于内压时，孔口按扩张圆锥形管嘴考虑（流量系数 μ 近似取 0.45）；（4）测标与套管接头界面共具有 8 个漏点（根据图 2.10 确定），且各漏点尺寸相同。

依据上述假定和近似，根据式（2-1）可以反算孔口面积 A，进而得到渗水通道的直径 d。代入图 2.8 和图 2.9 中 4a 和 4b 试验数据，得到渗水通道的直径见图 2.11。

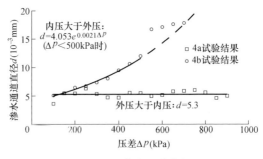

图 2.11　渗水通道直径

从图 2.11 中可以看出，渗水通道的原生（出厂最初状态，图 2.11 中压差较小时）直径不超过 0.005mm，即仅能有小于 0.005mm 的颗粒通过测管，该数值和滑动测微计的测试精度在同一个数量级。但需要指出的是，前述假定渗水通道为圆锥形管只是为了方便计算，可能并不符合实际，因为测标为环形金属，渗水通道很可能是长度比宽度大得多的"缝"，可以通过测管颗粒的直径必定小于"缝"的宽度。因此，上述 0.005mm 应是一个比较保守的尺寸数据。

由图 2.11 还可以看出，当"外压大"时，压差在不超过 1000kPa 范围内变化，渗透通道的"直径"基本无变化；但当"内压大"时，小压差（<150kPa）时计算得到的渗透通道"直径"和外压大时接近，但随着压差增加，渗透通道的"直径"也在增加（压差小于 500kPa 时，可用指数函数表达），在达到 500kPa时，甚至有个突变。表明"外压大"时，压差增大对渗透通道的尺寸基本无影响；而"内压大"时，会拓宽渗透通道。基于前述分析，测管接头处的流量可按式（2-2）计算，其中直径 d（10^{-6}m）可按式（2-3）计算，内压大时 μ 取 0.95，外压大时 μ 取 0.45。"内压大"时流量系数更大，渗透通道更宽，是导致其渗流量大于"外压大"工况渗流量的原因。

$$Q = 2\pi\mu d^2 \sqrt{\frac{2\Delta p}{\rho}} \tag{2-2}$$

$$d = \begin{cases} 5.3 (\Delta p < 1000\text{kPa 且外压大}) \\ 4.053 e^{0.0021\Delta p} (\Delta p < 500\text{kPa 且内压大}) \end{cases} \tag{2-3}$$

2.1.4.2　桩孔内新浇筑混凝土自重应力公式

分析两个灌注桩测管安装关键时刻的压差，分别是测管刚放入桩孔内和混凝土刚灌注结束时，影响压差的主要环境因素分别是地下水位或护壁泥浆的高度，以及新浇筑混凝土的自重应力。

桩孔内新浇筑混凝土为非牛顿流体，其自重应力不是重度与深度的乘积，主要原因是混凝土与桩周土界面存在切应力 τ（图 2.12），τ 可由式（2-4）计算（严裕民，1986）。

$$\tau = c + kp \tag{2-4}$$

式中，c 为黏滞力；k 为侧压力系数与摩擦系数的乘积；p 为竖向应力。

根据图 2.12 所示桩孔内 dz 厚度新浇筑混凝土的受力图，可得平衡方程：

$$\frac{p\pi D^2}{4} + \frac{\gamma\pi D^2}{4}dz = \frac{(p+dp)\pi D^2}{4} + (c+kp)\pi D \cdot dz$$

整理得：

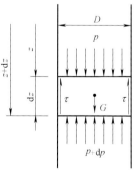

图 2.12　桩孔内混凝土受力分析

$$\frac{\mathrm{d}p}{\mathrm{d}z}+\frac{4k}{D}p=\gamma-\frac{4c}{D} \tag{2-5}$$

可解得桩孔内新浇筑混凝土的自重应力公式为：

$$p=\frac{\gamma D-4c}{4k}\left(1-e^{-\frac{4k}{D}z}\right) \tag{2-6}$$

式中，D 为桩孔直径；γ 为混凝土重度；z 为深度。

2.1.4.3　测管安装压差分析及其启示

1. 地下水位或护壁泥浆液面高度对压差的影响

分析测管刚放入桩孔内的压差，内外压分别为清水和泥浆形成的水压力。如图 2.13（a）所示，当桩孔内液面高度低时，向测管内注入清水，增加测管内水头，容易使得内压大于外压，此时渗透方向从上到下均为从内向外，不会有测管外杂质进入测管内。但根据图 2.9 和图 2.11 结果，压差增大时可能导致渗透通道拓宽，进而导致混凝土灌注时更大粒径的颗粒可以通过测管，于防止测标污染不利，所以此时应控制测管内的水头高度，即水头高度不是越高越好，而是能使得内压略大于外压为宜，特别是不宜出现压差大于 500kPa（渗透通道"直径"陡增）的情况。

如图 2.13（b）所示，当液面较高时，测管内注满水将出现上部内压大，下部外压大的情况，渗流方向在上部是由内向外，下部由外向内，由于泥浆的重度比水大不了太多，测管内外压差和渗流量总体不大；当由外向内渗流量更多，导致测管内水位上升时，密封测管顶部限制水和气的流出有利于减少水的渗入量（具体原理见图 2.14 及其相关解释）。

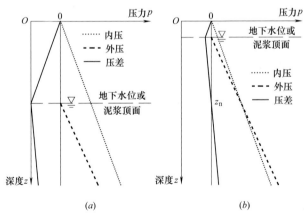

图 2.13　桩孔内液面高度对压差的影响

（a）液面低时的压差；（b）液面高时的压差

2. 混凝土摩擦指标对压差的影响

从式（2-6）可以看出，除 γ 外，D、c 和 k 均影响着桩孔内混凝土的自重应力，自重应力随 D 的减小，c 和 k 的增大而减小，本书将 c 和 k 称为混凝土的摩擦指标。混凝土流动性越好，坍落度越高，性质越接近于牛顿流体，摩擦指标越小；反之则混凝土性质越接近于固体，摩擦指标越大。

　　分析混凝土在灌注结束时的压差，内压为清水形成的水压力，外压为混凝土自重应力。当摩擦指标较小且测管内充满清水时，测管内外的压力和压差（外压减内压）见图 2.14，初始情况见图 2.14（a），桩身上下均处于"外压大于内压"状态，压差为正值，渗流从测管外流入管内，按图中所列参数（摩擦指标参照规范《混凝土泵送施工技术规程》JGJ/T 10—2011 估计，混凝土重度取 24kN/m³）和式 (2-2)，可计算得总渗流量为 12.6mL/min，如果测管顶没有限制水溢出的措施（测管顶自由），则测管内每分钟有 5.1mm 长度的水溢出；但若测管顶有限制水溢出的措施（测管顶限制），则测管内水压会增加，使压差在上部变为负值，如图 2.14（b）所示，此时渗流方向在下部（图中 z_n 深度以下）为由外向内，上部为由内向外，且流入等于流出达到平衡，按图中所列参数可计算得流入量为 6.14mL/min，约为图 2.14（a）的一半，因此摩擦指标低时测管顶采取措施限制测管内水的溢出，有助于提高测管安装质量。由于相同压差（绝对值）下，"内压大"向外的渗流量大于"外压大"向内的渗流量，因此图 2.14（b）中流出与流入转换的临界深度 z_n 将出现在桩的中上部。

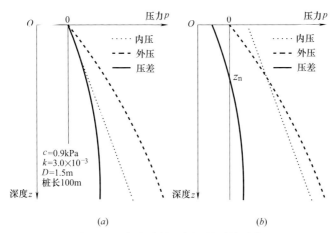

图 2.14　高流动性混凝土的测管压差
(a) 测管顶自由；(b) 测管顶限制

　　当摩擦指标较大且测管内充满清洁水时，测管内外的压力和压差见图 2.15，初始情况见图 2.15（a），由于下部桩体混凝土受桩周土作用的切应力较大，使得下部桩体混凝土的自重应力比测管内水压还小，压差为负值，此时渗流方向在上部为由外向内流入，下部为由内向外流出，采用图中所列参数可计算流入量为 3.4mL/min，流出量为 7.2mL/min，若测管顶水气可自由出入（测管顶自由），则综合效应是有 3.8mL/min 的流量流出，即每分钟测管内水头将下降 1.5mm；但若在测管顶限制水气的进出（测管顶限制），则会出现如图 2.15（b）的情况，此时测管顶将出现负压，测管内外压差发生变化，力图使水的流入量等于流出量，如按图中参数，测管顶产生－46kPa 负压时，流入量等于流出量，为 4.8mL/min，较图 2.15（a）的流入量有所增加，因此摩擦指标较大时在测管顶限制水气出入，对提高测管安装质量不利，此时宜保持测管顶有进气通道或间隔一定时间打开测管顶盖释压。此外，测管顶产生的负压在量值上不可能超过大气压强，当负压达到大气压强仍不能使水的流入与流出平衡时，则测管内水位将持续下降。

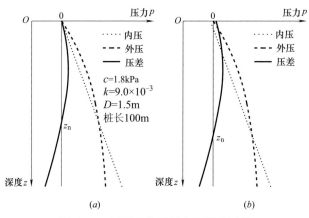

图 2.15　低流动性混凝土的测管压差
（a）测管顶自由；（b）测管顶限制

工程界当前对桩孔内摩擦指标的测试不多，实际工程中暂时还难以进行混凝土灌注后测管内外压差的准确分析，但可根据实际发生的现象采取相应对策减少含杂质水由外向内的渗入量，提高测管埋设质量。混凝土灌注后若测管内出现水向外溢，则表明出现图 2.14 所示情况，此时应对测管顶进行密封，增加内压；若出现测管内水位下降，则表明出现图 2.15 情况，此时应使测管顶有进气通道或间歇性打开测管顶盖释（负）压。

2.1.5　测管现场安装

2.1.5.1　测管预处理

为减小下放钢筋笼时测管连接的工作量，一般需一定长度的滑动测微管预先连接在一起，为方便运输和安装一般取 3 段滑动测微管预连接（图 2.16）。在滑动测微管预连接时，需要检查测管的生产质量和测管内侧的清洁程度，遇到质量低劣可能会影响防水性能和应变测试的套管和接头应放弃使用，测管内侧不清洁存在灰尘、杂物等应予以清洁。连接时按要采取前文所述涂胶与缠胶带相结合的额外防水措施，如图 2.17 所示。预连接完成后，应将测管摆放整齐，对比检查各接头是否连接妥当，再次检查测管内侧是否清洁，存在问题时及时处理，并用塑料袋保护未封闭的测管口，防止测标被污染影响测试结果，见图 2.18。

图 2.16 滑动测微管预连接

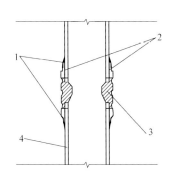

图 2.17 测管防水处理

1—高压绝缘自粘带和 PVC 电气阻燃胶带；2—强力万能胶；3—测标（锥形环）；4—套管

2.1.5.2 测管安装

滑动测微管预连接完成之后绑扎在灌注桩钢筋笼的主筋上，对于灌注桩宜对称设置两根测管，绑扎在钢筋笼内侧主筋上，绑扎过程中应防止测管发生挠曲，避免阳光直晒（图 2.19a、b、c）。箍筋宜焊接在钢筋笼外侧，在焊接过程中应注意保护测管不受损坏。钢筋笼最底部的测管要密封牢固，防止进入杂质。

钢筋笼放入桩孔过程中，测管应绑扎牢固，在测管安装过程中适当向测管内注入清水，以测管内水头压力略大于测管外为宜（图 2.19d）。

(a)   (b)

图 2.18   滑动测微管检查与保护

（a）预连接测管检查；（b）保护未封闭的测管口

(a)   (b)

(c)   (d)

图 2.19   滑动测微管固定

（a）将滑动测微管绑扎至钢筋笼；（b）绑扎到钢筋笼上的滑动测微管；

（c）将钢筋笼放入桩孔；（d）滑动测微管注清水

灌注混凝土时，宜根据混凝土流动性的特点及一些实际现象（测管内水位上升或下降），选择密封或敞开测管顶部（图 2.20）。

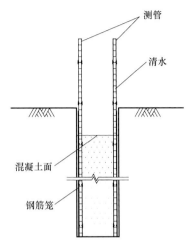

图 2.20　混凝土浇筑时测管

2.1.6　灌注桩测管安装要点总结

在上述防水措施基础上，通过实践总结，灌注桩测管安装按如下操作可获得较好的安装质量：

（1）测管安装前应对套管、测标和接头逐一检查，对异常（发生明显变形，防水性能不好）的测管和测标应放弃使用，对内侧有污垢的套管、测标和接头应擦拭干净。

（2）测管在埋入被测试体前应进行预连接，预连接的长度不宜大于 3m，连接的测管，所有方向螺钉和螺帽应在一条直线上；连接测管的螺丝需与螺丝槽准确对准，螺丝不可拧得过紧致使连接头塑料破损；进行预连接的场地应平整，无阳光暴晒（防止受热不均引起变形），并保持场地清洁。

（3）套管与接头的连接处应有防止透水的措施：设置 O 形圈、与接头连接的套管外侧均匀涂抹强力万能胶，套管与接头接缝处缠绕 PVC 电器阻燃胶带和高压绝缘自粘胶带，但万能胶不得进入套管内壁污染测标，采取以上措施可保证正常情况下不会有直径超过 0.005mm 的颗粒进入测管。

（4）预连接完成后，应摆放整齐，逐一检查，发现异常及时处理。

（5）测管应绑扎在钢筋笼内侧主筋上，试验桩应通长配筋，配筋量上下一致；钢筋笼应稳固、无扭曲；主筋数量宜呈偶数，当桩长大于 30m 时，宜选用 28mm 以上直径的主筋；箍筋宜焊接在钢筋笼外侧。

（6）钢筋笼放入桩孔之前，应根据单节钢筋笼的长度和下放次序，将预连接的测管组装至与单节钢筋笼基本相同的长度并临时绑扎，最下一节钢筋笼测管可牢靠绑扎测管，底部测管封底。临时绑扎在钢筋笼上的测管不应发生过大挠度变形，不宜长时间遭受阳光暴晒。

（7）测管随钢筋笼放入桩孔过程中，应及时将测管牢固绑扎在钢筋笼上，及时向测管内注入清水，保持测管中水头高于桩孔中液面高度，但水头压力差不宜过大，特别不应大于 500kPa。钢筋笼若发生扭转应及时校正。钢筋笼焊接时，应采取措施保护测管并防止杂质进入测管。

（8）浇筑混凝土的导料管在下放和提升过程应缓慢，尽量避免碰撞测管，导料管直径宜比钢筋笼直径小 20cm 以上；视混凝土流动性及实际现象，测管顶部采取密封或开放的措施。

（9）桩头制作时，应避免敲打、碰撞、挤压测管；测管顶端应高于桩头顶面，方便测试操作。

（10）测管安装完成后，应采取保护措施防止杂质进入测管。

此外在进行内力分析时，会用到桩截面面积这个参数，因此在灌注桩成孔后，混凝土灌注前，应测孔获得孔径随深度的变化曲线。

2.2 PHC 管桩测试技术

PHC（预应力高强混凝土）管桩是采用先张法预应力工艺和离心成型方法，在高压釜内进行高压（10 个大气压）高温蒸养（约 1800℃）制成的一种圆管型钢筋混凝土预制桩，由于具有单桩承载力高、单位承载力造价便宜、施工速度快、穿透力强、成桩质量可靠等特点，在近年来被广泛采用，但由于其高温高压养护的特点，使得对 PHC 管桩的桩身内力测试存在一定困难。

采用滑动测微计进行 PHC 桩的应力测试，可将测管安装于管桩中心孔中，其关键技术问题是要选择合适的材料填充测管与桩壁之间的孔隙，使桩壁产生的应变传递到测管中。我们采用数值模拟的方法分析了填充材料需要满足的条件，进而调配了不同配比的材料进行室内试验研究，确定了合适的材料配比，最后实际工程验证了其效果。

2.2.1 PHC 管桩应力测试填充材料

由于 PHC 管桩采用离心成型方法，高压高温蒸养，且桩壁较薄，采用滑动测微技术进行桩身内力测试时，难以在桩壁上安装测管。相较而言，沉桩后将测管浇筑在桩中心孔中相较容易。其关键问题是采用何种材料将测管浇筑在中心孔中，亦即采用何种填充材料填充测管与桩壁之间的空隙。该材料应具以下特点：

（1）荷载作用下，桩壁产生的应变能较准确传递给测管和测标；

（2）填充材料的存在对桩在荷载作用下产生的应变影响应尽量小；

（3）方便施工，填充效果好。

桩壁、填充材料和测管是三种不同的材料，在桩身内力测试中扮演着不同角色。在内力测试中若填充材料的弹性模量小，则桩壁的应变应能传递给填充材料，即桩壁和填充材料能协调位移；但若弹性模量过小，则测管在填充材料中会产生"桩效应"，使得测管产生的应变小于填充材料和桩壁，不能准确反映桩壁的应变，因此填充材料的弹性模量不能过小。反之，若填充材料的弹性模量过大，则桩壁、填充材料和测管能协同位移，但由于填充材料的存在，将使得桩体的综合弹性模量大幅度提高，相同荷载条件下桩体应变大幅度减小，因此填充材料的弹性模量不能过大。

通过定性分析，填充材料的弹性模量即不能过大，也不能过小，合适的填充材料需要有适中的弹性模量。为了寻找这个适中的弹性模量值，采用数值计算软件进行了下列分析：

建立如图 2.21 的三维数值分析模型，包括桩壁、填充材料和测管三种材料，均按弹性模型进行计算，PHC 桩桩径为 500mm，壁厚为 125mm，桩长为 10m；测管直径为 70mm；桩长方向上按 0.5m 划分网格。边界条件为在桩顶桩壁区域施加 27MPa 的面力（相当于桩顶施加 3976kN 荷载），桩端完全约束。根据《混凝土结构设计规范》GB 50010—2010，桩壁 C80 混凝土的弹性模量为 38GPa；根据试验实测，测管（套管）的综合弹性模量（将测管等效为实体的弹性模量）约 0.6GPa。试算填充材料弹性模量分别为 2MPa、5MPa、10MPa、50MPa、0.6GPa、2GPa、38GPa 条件下的变形，进而计算测管中心的应变，计算得到的结果如图 2.22 所示。

从图 2.22 中可以看出，随着填充材料弹性模量的增大，测管与桩壁的应变差异在量值和下限深度上都在逐渐减小，当填充材料弹性模量增大至 50MPa（此时弹性模量与截面积的乘积有 $E_{填充材料} A_{填充材料} = E_{测管} A_{测管}$）后，应变差异在下限深度上改善的余地较小；当填充材料弹性模量增大至 0.6GPa（此时 $E_{填充材料} = E_{测管}$）后，应变差异在量值上改善的余地较小；当填充材料弹性模量增大至 2GPa 后，填充材料的存在对桩壁应变的影响可看出有变化（填充材料 2GPa 弹性模量时，桩壁应变量减小 1.65%）。综合以上计算结果，填充材料的弹性模量必须满足 $E_{填充材料} A_{填充材料} \geq E_{测管} A_{测管}$，宜满足 $E_{填充材料} \geq E_{测管}$（前提是 $E_{被测体} > E_{填充材料}$）时，测管才能较好地反映桩壁的应变；因此，弹性模量等于或略大于测管的弹性模量的材料是较为理想的填充材料，此时测管的应变与桩壁应变协调，同时又不至于因填充材料的存在而严重影响桩壁在荷载作用下的原有应变。

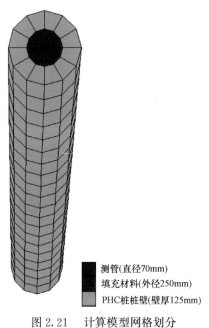

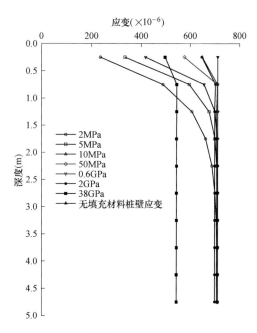

图 2.21　计算模型网格划分

图 2.22　不同弹性模量填充材料应变计算

2.2.2　PHC 桩内力测试填充材料试验

2.2.2.1　填充材料试验方案

为寻找适宜的填充材料，进行了专门的试验研究。已有资料显示，添加膨润土的水泥浆能满足前述技术参数要求，其关键问题是确定其配比。为此制定如下实施方案：

1. 试验配比

试验配比见表 2.2，按 7d、14d、28d、49d 四种龄期进行试验。

填充材料试验配比方案　　　　　　　　表 2.2

试样编号	水(kg)	膨润土(kg)	水泥(kg)	膨润土/水泥(%)
T1	1000	75	600	12.5
T2	1000	75	800	9.4
T3	1000	75	1000	7.5
T4	1000	75	1200	6.3
T5	1000	100	300	33.3
T6	1000	100	500	20.0
T7	1000	0	1075	0.0

2. 试验内容

试验主要参考《工程岩体试验方法标准》GB/T 50266—2013 中单轴抗压强

度的相关要求进行，试验和记录如下内容：

（1）单轴抗压强度，建立应力-应变关系曲线，测定横向、纵向变形，计算弹性模量、泊松比以及试样养护到各龄期时的含水率。

（2）水泥、膨润土的密度（堆积密度）。

（3）各种配比配制成水泥土沉淀后液体体积、固体体积、固体（水泥土）密度（如按 1000mL 水，75g 膨润土，600g 水泥配制的混合物，记录搅拌均匀后混合物的体积，沉淀稳定后液体的体积，固体体积以及固体的密度）。

（4）记录水泥的厂家、批号、等级等相关信息，并按常规试验水泥的强度以及 28d 水泥石的弹性模量和泊松比。

3. 试样制备

（1）制样

制样时首先用精度为 0.1g 的电子秤按着配比方案称量各种材料的质量。将称好的水和膨润土用搅拌机搅拌均匀（搅拌时间 15min 左右），不能有块状物，然后倒入水泥搅拌均匀。本次试验制样器采用外径 63mm，内径 56mm 的 PVC 管，试验前用薄钢锯片将 PVC 管对称锯开形成对开模，清理内部锯齿状碎屑，保证 PVC 管内部光滑，然后将 PVC 管按着原先锯开位置重新闭合，用透明胶带采用沿长度方向顺次搭接粘牢固，PVC 管外部用直径为 63mm 的尼龙水袋套到 PVC 管外侧，并每间隔约 30cm 距离用管卡拧紧，并保证 PVC 管开缝处不错位，最后将 PVC 管下部密封待用。将搅拌好的浆液倒入 PVC 管中，达到指定量后，将上部密封，在 PVC 管上记录浆液在 PVC 管的初始位置，将试样竖直放入深度约 3m 的探井中放置。

（2）拆模

待初凝 48h 后，加工成长度 13.0～15.0cm 试样，脱模并送至养护室（养护箱）养护到指定龄期，采用磨石机磨平或削土刀削平（若采用削土刀削平，拆模后即需削平整，以防止时间过长，水泥土强度增大操作困难）到长度 12.0cm（试样直径∶高＝1∶2.14）。

（3）养护

将制备好的试样用保鲜膜密封，放入温度为 20±1℃ 的养护箱内养护到指定龄期，可采用密封后空气中养护，也可采用密封后水中养护。

（4）试样数量：每组需制备 3 个以上。

（5）试样制备的精度

《工程岩体试验方法标准》GB/T 50266—2013 中规定岩石试样的制备精度为：（1）在试样整个高度上，直径误差不得超过 0.3mm。（2）两端面的不平行度，最大不超过 0.05mm。（3）端面应垂直于试样轴线，最大偏差不超过 0.25°。

（6）注意事项：①在取料和试样制备过程中，不允许人为裂隙或破碎出现；

②磨平试样时若采用的冷却液，必须是洁净水，不许使用油液；③若试样遇水崩解、溶解和干缩湿胀，则应采用干法制样。其他事宜以规范为准。

4. 试验主要仪器设备

（1）小型搅拌机、切石机、磨石机或其他制样设备。

（2）测量平台、电子天平、角尺、游标卡尺、削土刀等。

（3）压力机，应满足下列要求：

① 压力机应能连续加载且没有冲击，并具有足够的吨位，能在总吨位的10%～90%之间进行试验（可根据试验室条件调整）。

② 压力机的承压板，必须具有足够的刚度，其中之一须具有球形座，板面须平整光滑。

③ 承压板的直径应不小于试样直径，且也不宜大于试样直径的两倍。如压力机承压板尺寸大于试样尺寸两倍以上时，需在试样上下两端加辅助承压板。辅助承压板的刚度和平整度应满足压力机承压板的要求。

④ 压力机的校正与检验，应符合国家计量标准的规定。

5. 试验过程

（1）根据所要求的试样状态准备试样。

（2）将试样置于压力机承压板中心，调整承压板，使试样均匀受载。

（3）以 0.5～1.0MPa/s 的加载速度加荷，直到试样破坏为止，并记录横向、纵向变形（应变）最大破坏载荷及加荷过程中出现的现象。

（4）描述试样的破坏形态，并记录有关情况。

6. 试样描述

试验前的描述，应包括如下内容：

（1）试样编号、位置、龄期、结构等特征。

（2）量测试样尺寸，检查试样加工精度，并记录试样加工过程中的缺陷，试件压坏后，应描述其破坏方式。若发现异常现象，应对其进行描述和解释。

2.2.2.2　不同配比填充材料试验结果

按表 2.2 所示配比，遵照试验方案，每组配比在每种龄期下制作 5 个试件，共计 175 个试件进行试验（图 2.23），同时也对测管（PVC-U）的抗压性能进行了试验研究。膨润土为人工钠基膨润土，水泥为雁塔牌 42.5R 普通硅酸盐水泥。试件直径 56mm、高 120mm（直径：高＝1：2.14），试件直径误差小于0.3mm，高度相差小于 1%。采用济南试金集团有限公司生产的微机控制电子式万能试验机（型号 WDW-100D）进行试验，力示值相对误差≤示值的±1%。所用引伸计满量程的 2%～100% 范围内优于示值的±1%（精密级为±0.5%），位移测量分辨率 0.001mm。

 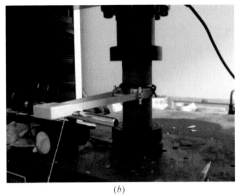

(a)　　　　　　　　　　　　　　　(b)

图 2.23　填充材料抗压试验

　　各配比材料和测管（PVC-U 套管）抗压强度、弹性模量试验结果见表 2.3，泊松比试验结果见表 2.4。

强度与弹性模量试验结果　　　　　　　　　　　表 2.3

编号	抗压强度（MPa）					弹性模量（GPa）				
	7d	14d	28d	49d	70d	7d	14d	28d	49d	70d
T1	3.14	4.51	6.11	7.62	6.99	0.48	0.74	1.06	1.26	1.38
T2	4.49	6.72	7.90	10.21	—	0.66	1.05	1.30	1.62	—
T3	4.83	7.43	9.85	10.95	12.00	0.79	1.21	1.36	1.62	1.75
T4	6.85	8.95	11.79	12.18	15.51	1.09	1.55	1.79	2.09	2.15
T5	0.50	0.78	1.05	1.27	—	0.15	0.17	0.23	0.25	—
T6	1.80	1.96	3.17	4.31	—	0.20	0.40	0.64	0.77	—
T7	3.83	6.48	11.64	15.34	17.23	1.68	1.87	2.06	1.99	2.23
PVC-U	15.35					0.56				

泊松比试验结果　　　　　　　　　　　表 2.4

龄期(d)	T1	T2	T3	T4	T5	T6	T7	PVC-U
7	0.082	—	0.059	0.069	0.029	0.078	0.110	
14	0.061	0.120	0.125	0.079	0.047	0.053	0.080	
28	0.056	0.043	0.069	0.092	0.041	0.063	0.085	0.396
49	0.092	0.049		0.093	0.063	0.065	0.053	
70	0.095	—	0.063					

　　图 2.24（a）、（b）、（c）分别为养护 28d 的 T7、T5、T3 组具有代表性的试件的应力-应变关系曲线，图 2.24（d）为测管应力-应变关系曲线。由图可见，无膨润土的 T7 组试件主要表现为脆性破坏，膨润土含量最多的 T5 组试件主要

表现为塑性破坏，而 T3 组试件则介于两者之间。由此可见，在水泥中添加膨润土能有效改善固结体的塑性特性。三组固结体试件的应力-应变曲线都存在较长的弹性变形段，统计所有试件的应力-应变关系曲线发现，破坏应变主要集中在 $0.6\% \sim 1.0\%$ 范围内（大于滑动测微计量程）。测管破坏形式表现出塑性材料的特点，但在破坏前同样存在较长一段的弹性变形阶段，应变小于 2.0% 之前均可认为是弹性变形阶段。测管的弹性变形区间大于填充物的工程意义在于保证了测管在填充材料破坏前均保持弹性变形，能准确反映填充材料的变形。

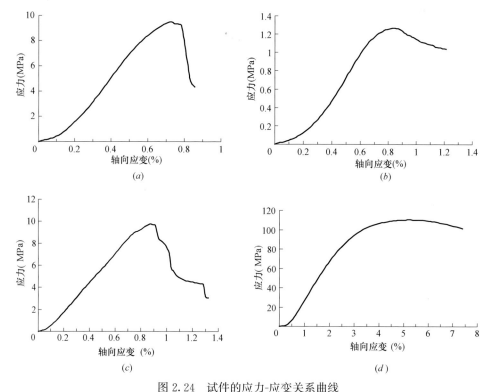

图 2.24　试件的应力-应变关系曲线

(a) T7 配比材料应力-应变关系；(b) T5 配比材料应力-应变关系；

(c) T3 配比材料应力-应变关系；(d) 测管应力-应变关系

图 2.25 和图 2.26 分别为 T1 、T2 、T3、T4 试件水泥掺入量与抗压强度、弹性模量的关系。抗压强度与弹性模量随着水泥掺入量的增加几乎呈线性增加，采用线性函数进行拟合，相关系数 R^2 在 $0.89 \sim 0.98$，体现出较强的相关性。水泥水化作用产生的胶结强度是固结体强度的来源，增加水泥含量是提高填充材料强度和弹性模量的主要手段。

图 2.27 和图 2.28 所示为养护龄期与抗压强度、弹性模量的关系曲线。水泥-膨润土泥浆属于水硬型泥浆，水泥的水化需要一个过程，因此固结体的无侧

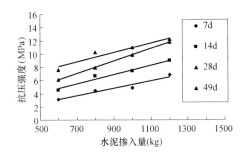

图 2.25　抗压强度与水泥掺入量关系

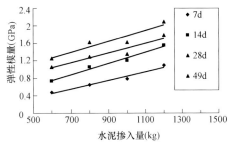

图 2.26　弹性模量与水泥掺入量关系

限抗压强度随时间而变化。随着龄期的增加，抗压强度经历了先快速增加，后增加速率逐渐放缓的过程，最后强度与弹性模量逐渐趋于稳定。水泥掺入量越高的配比，强度和弹性模量稳定的时间历时越长。

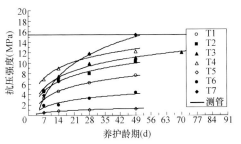

图 2.27　抗压强度与养护龄期关系

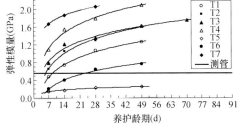

图 2.28　弹性模量与养护龄期关系

　　如图 2.29 所示，添加少量膨润土会增大固结体强度，但是随着膨润土掺量增大水泥掺量减小，抗压强度逐渐减小，这是由于当水泥含量较多时水泥水化形成的水化石骨架为固结体强度的主要来源，水化石骨架结构中填充少量膨润土时，会对水泥骨架起到一定的"填实加固"作用。当继续增加膨润土用量后，过量的膨润土有可能将水泥石骨架"包裹"而非对其进行填实，由于膨润土特殊的物理性质，在这种情况下，膨润土用量的增加反而会使固结体的抗压强度降低。图 2.30 给出了膨润土与水泥掺量之比对弹性模量的影响，可见随着膨润土掺入量增大，固结体弹性模量逐渐减小，可通过调节膨润土含量调节固结体弹性模量。

　　如图 2.31 所示，不同龄期下固结体的泊松比测试结果较离散，主要是受试验条件限制，由于变形传递装置装在试件上的位置是唯一的，而试件的破坏位置并不唯一，导致测试结果离散，但是泊松比范围主要集中在 0.04～0.10。另一方面测管单轴抗压强度试验结果显示，测管的平均泊松比值为 0.396，远大于固结体的泊松比值，说明纵向变形相同时，固结体相对测管具有较小的横

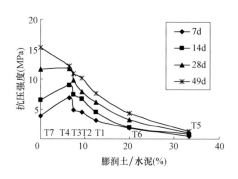

图 2.29　膨润土/水泥与抗压强度关系

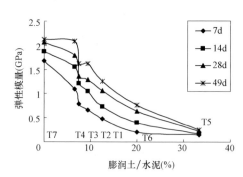

图 2.30　膨润土/水泥与弹性模量关系

向变形。

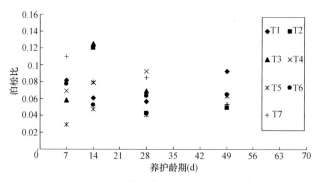

图 2.31　养护龄期与泊松比关系曲线

　　根据上述试验结果，填充材料可有较宽的选择范围，考虑试验工期（测管安装后很快就可以进行试验）及一定安全储备，浇筑测管的填充材料配比宜在 T2、T3、T4、T7 中选取，特别是 T2、T3 配比满足弹性模量在大于测管的基础上尽量小的条件，可作为 PHC 桩滑动测微技术桩身应力测试的填充材料。以 T3 配比为例，不同养护龄期的弹性模量介于 $0.8\sim1.8\text{GPa}$，相对于 PHC 管桩桩壁弹性模量（约 38GPa）来说非常小，其对桩身在荷载作用下产生应变的影响非常小，进而后期填充材料弹性模量增长对应变产生的影响也可以忽略。

2.2.2.3　特定配比填充材料现场实测

　　选用表 2.2 中 T3 配比（水：膨润土：水泥的质量配比为 1000：75：1000）填充材料在某工程试验场地中进行了应用。从实测应变随（桩）深度变化曲线中可以看出，测管准确反映了桩壁的应变，在接桩位置，准确反映了荷载作用下该处应变变化较大的特点；根据桩身应变的测试结果计算桩顶沉降，能和桩顶采用其他方法（百分表和水准仪观测）实测的沉降匹配；桩顶实测应变和（无填充材料时的）理论计算应变接近。即实测结果表明，采用水：膨润土：水泥的质量配比为 1000：75：1000 的填充材料是可行的（详见 3.3 节）。

2.2.3 PHC 管桩测管安装要点总结

PHC 管桩应力测试的测管安装方法总体上和灌注桩类似，其特殊要求包括：

（1）管桩中心孔较小时，只能安装 1 根测管，测管应安装在桩轴线上，以减小桩身横截面上受力不均带来的测试影响；该要求可通过在测管外侧设置细钢筋做成的扶正器实现。

（2）填充材料的浇灌，可采用后压浆桩的相关工艺实施。

经实践，采用以下措施可获得较好安装结果：

1）PHC 管桩桩底封闭，当需接桩时，接桩处应焊接密封，以致水或水泥浆不从焊接处外渗；

2）埋设测管前，先向中心孔内注满水，逐渐放入带扶正器（间隔 2～3m 放置 1 个）的测管，当水的浮力较大时，向测管内注入清水，以增加测管重量，方便测管下放。

3）水、膨润土和水泥的混合，需先将水和膨润土先在搅拌机内充分搅拌均匀（约 15min），然后再加入水泥搅拌。

4）将 PPR 管热熔连接，并放入桩底。

5）填充材料（含膨润土水泥浆）搅拌完成后，过筛除去混合物中的粗颗粒，经 PPR 管用泵注入管桩中心孔中，泵的压力不可过大，以水泥浆能顺利注入为准。浇灌过程中保持测管内始终注满清水。

6）水泥浆注入后，由于水泥浆密度较大，易将测管浮起，应采取措施压住测管，直至水泥浆凝固。

测管安装的现场照片及示意图见图 2.32。

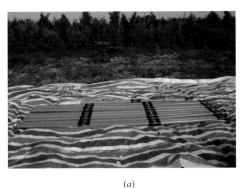 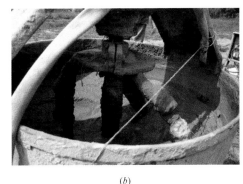

(a) (b)

图 2.32 PHC 桩测管安装（一）

（a）测管预连接；（b）填充材料搅拌

图 2.32 PHC桩测管安装（二）
（c）测管安装示意图；（d）填充材料灌注

2.3 测试结果计算与分析

采用滑动测微计进行桩身内力测试时，滑动测微计作为一种线法监测手段，它直接测得的是套管（PVC-U管）内金属测标间的应变，得到的是桩身内不同深度1m长度范围内的应变值，需要通过建立桩身轴力与应变的关系才能获得桩身轴力值，必须采取一系列的数学方法对实测数据进行处理。由于没有相关的测试标准和规范，以往采用滑动测微计进行桩身内力测试时，其数据分析方法并不规范，往往导致不同人员分析得到的结果并不相同。结合多次桩身内力测试的实践经验，建立了一套滑动测微桩基测试数据分析的标准程序，详述如下：主要包括"断面修正""应变曲线拟合""桩身弹性模量的校正""轴力计算"和"侧阻力计算"等几个过程。其中"应变曲线拟合"是数据处理的核心，它对反映桩侧摩阻力随深度变化的宏观规律具有优越性。进行应变曲线拟合时多采用多项式进行拟合，但直接采用多项式常使得桩顶和桩底的拟合曲线发生摆动，不能正确反映实际的桩基荷载传递性状。为此我们在曲线拟合中采用添加约束的拟合方法，可较好地解决直接进行多项式拟合的缺点。

2.3.1 平均应变

灌注桩采用滑动测微计进行测试时，一般对称埋有两根测管，将两根测管内相同深度的实测应变相加除以2得到的平均应变，即为该深度处的实测应变值。

2.3.2 断面修正

灌注桩采用机械成孔，桩径随深度是变化的，有时变化幅度还很大，由此将会导致桩身各测段实测应变值具有变异性，将其归一化到桩身平均截面是必要的，即应进行断面修正。根据式（2-7）可知，在桩身轴力和混凝土弹性模量一定的条件下，桩身应变和桩身截面面积是成反比的，因此应采用式（2-8）对测得的实测应变进行断面修正。

$$Q_i = \overline{\varepsilon}_i \cdot E_i \cdot A_i \tag{2-7}$$

式中　Q_i——桩身第 i 断面处轴力；

　　　$\overline{\varepsilon}_i$——第 i 断面处应变平均值；

　　　E_i——第 i 断面处桩身材料弹性模量；

　　　A——第 i 断面处桩身截面面积。

$$\varepsilon_i = \left(\frac{d_i}{\overline{d}}\right)^2 \varepsilon_i' \tag{2-8}$$

式中　ε_i——断面修正应变；

　　　d_i——实测孔径（m）；

　　　$\overline{d}$——桩身平均孔径（m）；

　　　ε_i'——实测（平均）应变。

2.3.3　应变曲线拟合

1. 约束多项式拟合及其算法

根据测得的应变，需进行数值微分才能求出桩侧摩阻力。然而数值微分是一种极不稳定的数值运算。如图 2.33 所示，设 $f(x)$ 为图 2.33 中（a）的实线，迭加了初始误差后用虚线表示，其数值微分分别由图 2.33 中（b）的实线和虚线表示。可以见到，初始误差在数值微分的过程中被恶性地放大，原有的数值精度根本无法保持，更不要说有效数字，有时甚至连符号也不对。鉴于测量过程中不

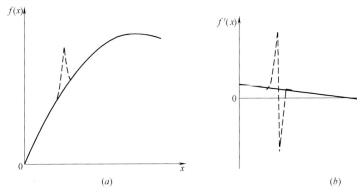

图 2.33　函数及其导数

（a）初始函数；（b）函数的导数

可避免地会有这样或那样的误差，直接对测量的应变进行数值微分或插值是不适当的，否则误差会成倍地增加。因此有必要对实测应变作整体拟合，由拟合的应变曲线求摩阻力。这在相当大的程度上滤去了测量过程中的误差，增加了摩阻力计算的可靠性，这种处理方法在反映桩侧摩阻力随深度变化的宏观规律方面具有优越性。

为了进一步研究多项式拟合在桩基应变实测数据拟合中的应用方法及计算方法，以某桩基工程应变实测数据为例进行计算分析。如图 2.34（a）散点为陕西潼关某黄土场地试验桩（本书 3.2 节所述案例 S1 桩）采用滑动测微计测试得到的极限荷载 15600kN 作用下的实测应变（经过平均应变和断面修正处理），该试验桩为灌注桩，干作业旋挖工艺成孔，平均孔（桩）径 0.946m，桩长 60m（实测应变最深至 58m）。桩长范围内地层以黄土（粉土）为主，从物理指标（密度和孔隙比等）来看从上至下黄土的工程性质总体呈现逐渐变好的趋势，但上部 20m 深度范围内较均匀，各物理指标差别不大，桩长范围内未见地下水。

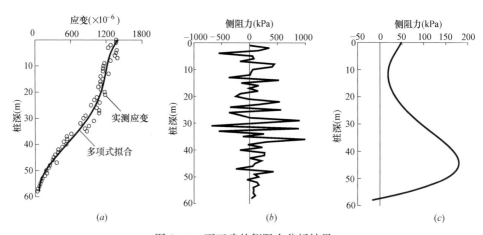

图 2.34　不正确的侧阻力分析结果

根据图 2.34（a）实测应变，若直接按《建筑基桩检测技术规范》JGJ 106—2014 规定的数据整理方法，按式（2-9）计算不同深度的轴力，按式（2-10）计算桩侧阻力，则得到的侧阻力沿深部变化曲线如图 2.34（b）所示。

$$Q_i = \bar{\varepsilon}_i \cdot E_i \cdot A \tag{2-9}$$

式中　Q_i——桩身第 i 断面处轴力；

$\bar{\varepsilon}_i$——第 i 断面处应变平均值；

E_i——第 i 断面处桩身材料弹性模量；

A——桩身截面面积。

$$q_{si} = \frac{Q_i - Q_{i+1}}{u \cdot l_i} \tag{2-10}$$

式中 q_{si}——第 i 断面与 $i+1$ 断面间侧阻力；

u——桩身周长；

l_i——第 i 断面与 $i+1$ 断面之间的桩长。

而另一方面，应变随桩深变化的形态多种多样，无法采用一个固定的函数类型来描述，这种情况下可采用多项式进行拟合。多项式拟合是一个最小二乘问题，其基本思想是：对线测法得到的应变数据点 (z_i, ε_i) $(i=0, 1, \cdots, m)$，Φ 为所有次数不超过 n $(n \leqslant m)$ 的多项式构成的函数类，即

$$\varepsilon(z) = p_n(z) = \sum_{i=0}^{n} a_i z^n \in \Phi \tag{2-11}$$

使得

$$I = \sum_{i=0}^{m} [p_n(z_i) - \varepsilon_i]^2 = \min \tag{2-12}$$

式中，z_i 为桩身第 i 断面的深度；ε_i 为第 i 断面处实测应变平均值；a_i 为待定系数；z 为桩深；n 为多项式拟合阶数；$m+1$ 为应变数据点个数。

a_i 的值可由法方程组式（2-13）计算决定。

$$Z^T Z a = Z^T \varepsilon \tag{2-13}$$

其中

$$Z = \begin{bmatrix} 1 & z_0 & z_0^2 & \cdots & z_0^n \\ 1 & z_1 & z_1^2 & \cdots & z_1^n \\ \vdots & \vdots & \vdots & & \vdots \\ 1 & z_m & z_m^2 & \cdots & z_m^n \end{bmatrix} \tag{2-14}$$

$$\varepsilon = (\varepsilon_0, \varepsilon_1, \cdots, \varepsilon_m)^T \tag{2-15}$$

对图 2.34（a）实测应变进行 5 阶多项式拟合，将拟合应变带入式（2-9）和式（2-10），可得桩侧阻力分布曲线如图 2.34（c）所示。相较于图 2.34（b），图 2.34（c）的侧阻力分布更趋于合理，能表现试验桩侧阻力上部和下部较小，中部较大的宏观规律。但图 2.34（c）仍存在一些不合理之处，主要表现在：（1）桩端位置侧阻力为负值，明显不符合实际；（2）桩顶附近侧阻力上大下小，考虑到桩顶附近桩周土较均匀，桩侧阻力应逐渐增大，上大下小的侧阻力分布也不符合实际。这些不合理之处，表明直接采用多项式进行应变拟合仍具有一定不足，需要通过一些额外手段来消除不足。约束多项式拟合可能就是消除不足的得力手段。

将约束写成矩阵表达式 $Bx = d$，约束多项式拟合的基本思想是求 $Zx = \varepsilon$ 在满足约束条件 $Bx = d$ 下的最小二乘解所满足的代数方程，即求约束极小化问题的解所满足的代数方程，所求解可由式（2-16）确定（徐仲，2014）。

$$\min_{Bx=d} \| Zx - \varepsilon \|_2^2$$

$$\begin{bmatrix} Z^{\mathrm{T}}Z & B^{\mathrm{T}} \\ B & O \end{bmatrix} \begin{bmatrix} x \\ u \end{bmatrix} = \begin{bmatrix} Z^{\mathrm{T}}\varepsilon \\ d \end{bmatrix} \tag{2-16}$$

求解该方程得到的 x 即为 $Zx = \varepsilon$ 在约束 $Bx = d$ 下的最小二乘解 a。

定义如下三类约束：

Ⅰ类：某深度 z 处的拟合多项式值等于某特定值，即

$$p_{\mathrm{n}}(z) = \sum_{i=0}^{n} a_i z^n = d_1 \tag{2-17}$$

Ⅱ类：某深度 z 处拟合多项式的一阶导数值等于某特定值，即

$$p'_{\mathrm{n}}(z) = \sum_{i=1}^{n} n a_i z^{n-1} = d_2 \tag{2-18}$$

Ⅲ类：某深度 z 处拟合多项式的二阶导数值等于某特定值，即

$$p''_{\mathrm{n}}(z) = \sum_{i=2}^{n} n(n-1) a_i z^{n-2} = d_3 \tag{2-19}$$

依据式（2-16）～式（2-19），并结合线测法桩基内力测试的其他特点，专门编制了约束多项式应变拟合软件以方便计算分析。软件中采用拟合优度（判定系数）R^2 值评价回归曲线对实测应变数据的拟合程度，R^2 值由式（2-20）计算，其值一般在 [0, 1] 范围内，越靠近 1，表明回归曲线的拟合程度越好，与各实测点越接近。采用加约束的多项式拟合，其 R^2 应保证大于 0.95。根据实践，采用 4 次或 5 次加约束的多项式拟合可获得较满意的拟合效果。

$$R^2 = 1 - \frac{\sum\limits_{i=0}^{m} (\varepsilon_i - \hat{\varepsilon}_i)^2}{\sum\limits_{i=0}^{m} (\varepsilon_i - \bar{\varepsilon})^2} \tag{2-20}$$

式中 ε_i——第 i 断面处实测应变；

$\bar{\varepsilon}$——实测应变平均值；

$\hat{\varepsilon}_i$——第 i 断面处拟合应变。

此外，根据应变的拟合公式 $\varepsilon(z)$，并考虑桩身材料弹性模量的非线性，可推导得桩侧阻力的计算公式如式（2-21）所示，可按此计算桩侧阻力。

$$q_{\mathrm{s}}(z) = \frac{1}{u} \cdot \frac{\partial Q(z)}{\partial z} = -\frac{u}{4\pi} \cdot \frac{\partial \varepsilon(z)}{\partial z} \left[E(\varepsilon) + \frac{\partial E(\varepsilon)}{\partial (\varepsilon)} \cdot \varepsilon(z) \right] \tag{2-21}$$

式中 $Q(z)$ 为桩身轴力；

$E(\varepsilon)$ 为桩身材料弹性模量，它随应变变化而变化，可由桩顶标定段不同荷载下的应力-应变曲线得到其函数关系（陈尚桥，2005）。

2. 约束多项式的适宜性

为评价约束多项式拟合对线测法桩基内力测试数据整理的适宜性，选择了灌注桩和预制桩两种桩型的实测应变进行了分析。

（1）灌注桩分析

仍选择图 2.34 所示桩进行分析。从图 2.34 来看，该桩在极限荷载 15600kN 作用下多项式拟合产生的不足主要在桩顶和桩底部位，因此考虑在桩顶和桩端添加约束。共添加 3 个约束，分别是：

Ⅰ类约束：53m 和 58m 深度处拟合应变等于实测应变；

Ⅱ类约束：0m 深度（悬空标定段）拟合多项式的一阶导数为 0。

增加上述 3 个约束进行 5 阶多项式拟合，其拟合效果和侧阻力分析结果如图 2.35 所示。从图 2.35 中可以看出，相较于图 2.34（a），约束多项式拟合后，桩底位置的回归曲线更好地表达了实测应变所体现的应变变化趋势；相较于图 2.34（c），约束多项式拟合后，侧阻力曲线中直接采用多项式拟合存在的不合理现象消失了。从 R^2 来看，其值在约束前后分别为 0.9757 和 0.9715，表明添加约束后，拟合优度并未减少多少，即用少许的拟合优度损失消除了直接采用多项式拟合的不足。

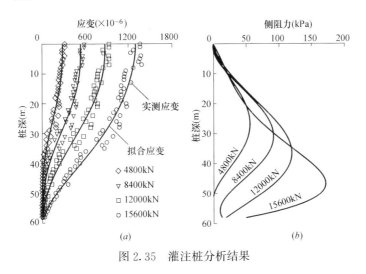

图 2.35　灌注桩分析结果

图 2.35 中同时也给出了其他几种桩顶荷载条件下的约束多项式拟合结果，其约束条件和 15600kN 荷载的相同，可见都取得了较好的应变拟合和侧阻力分析结果。

（2）预制桩分析

如图 2.36（a）散点为陕西西安某黄土场地 PHC（预应力高强混凝土）管桩采用滑动测微计实测得到的应变数据。该场地桩长范围内地层结构为黄土与古土壤互层（本书第 3.3 节 S4 桩）。试验桩为 PHC-AB500（125）型管桩，桩径 500mm，桩长 32m（测得 30m 深度范围内应变），由 3 节单节桩焊接而成，自上而下单节桩长度分别为 10、11 和 11m。管桩沉桩后，将滑动测微计测管放入桩中心孔中，采用水泥浆填充测管与桩壁之间的空隙，以此实现管桩的内力测试，水泥浆的配比经过专门研究，能较好地传递桩身应变至测管。

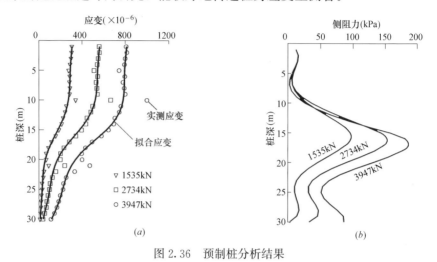

图 2.36 预制桩分析结果

从图 2.36（a）中可以看出，相对于灌注桩，预制桩因其桩径较为一致，桩身材料更均匀，因此其实测应变随深度的变化要规则得多。同时在接桩位置附近（10m 和 21m 桩深处）应变明显大，可明确判定其属于异常数据，应变拟合时予以剔除。

与灌注桩应变拟合方法一样，先采用 5 次多项式进行拟合，发现桩顶附近桩侧阻力不合理（上大下小，且存在负值），因此采用约束多项式进行拟合，最终采用的拟合方法如下：

（1）添加Ⅱ类约束：0m 深度（悬空标定段）拟合多项式的一阶导数为 0。

（2）设置断点：在 15m 深度处设置断点，即 15m 以上采用一个 5 阶多项式拟合，15m 以下采用另一个 5 阶多项式拟合。要求两个多项式在 15m 深度处其函数值、一阶导数和二阶导数均相等，以保证侧阻力曲线连续光滑（可导）。

经上述约束设置后进行应变拟合和得到的侧阻力计算结果如图 2.36（b）所示。从中可以看出，各级桩顶荷载（1535kN、2734kN 和 3947kN）下的拟合应变均较好地反映了实测应变表现的随深度变化趋势，侧阻力分析结果也不存在明显不合理之处，表明采用约束多项式拟合是合适的。不管是从实测应变随深度变化趋势中，还是从侧阻力分布曲线中都可以看出该桩上部第一节桩（10m 深度）范围内的侧阻力小。

值得注意的是，图 2.36（a）实测应变采用多项式拟合和本章约束多项式拟合的 R^2 值对比见表 2.5，后者相较于前者不降反升，表明设置断点有时可以提升拟合优度。

桩顶荷载	拟合优度 R^2	
	多项式拟合	约束多项式拟合
1535kN	0.9961	0.9984
2734kN	0.9968	0.9985
3947kN	0.9966	0.9989

从上述数据整理过程可以看出，对于线测法桩基内力测试实测应变，采用多项式进行数据拟合往往存在不足，采用约束多项式进行拟合可以消除这些不足。采用该方法进行应变拟合时，约束条件该如何设置最为关键，在此就该问题进行讨论。

3. 添加约束的目的

对于式（2-13），令 $A=Z^{\mathrm{T}}Z$，$b=Z^{\mathrm{T}}\varepsilon$，则 a 是线性方程组 $Ax=b$ 的解，由于 z_i 和 ε_i 是观测到的，存在误差，也就导致 A 和 b 不可避免地存在误差 δA 和 δb，最终引起解 a 存在误差 δa。从理论上分析，之所以多项式拟合存在不足，就是因为误差 δa 引起；反之，若 z_i 和 ε_i 不存在误差，则仅采用多项式拟合可以准确表达应变随深度的变化规律。

举例说明如下，依据单桩荷载传递理论，桩土体系荷载传递分析计算的基本微分方程（刘金砺，1991）为

$$q_{\mathrm{s}}(z)=\frac{AE}{\pi d}\cdot\frac{\mathrm{d}^2s(z)}{\mathrm{d}z^2} \tag{2-22}$$

式中，d 为桩径；$s(z)$ 为 z 深度断面沉降；$q_{\mathrm{s}}(z)$ 为 z 深度桩侧阻力。其求解取决于桩侧阻力和桩端阻力的荷载传递函数的形式。

若桩侧阻力 $q_{\mathrm{s}}(z)$ 的荷载传递函数采用式（2-23）所示双曲线模型，桩端阻力 q_{p} 采用式（2-24）所示理想弹塑性模型。取 $E=30\mathrm{GPa}$，$d=0.9\mathrm{m}$，$a=0.005$，$q_{\mathrm{smax}}=8z/3$（kPa），$C_{\mathrm{p}}=500\mathrm{kPa/mm}$，采用数值计算方法解式（2-22），再经换算可得 60m 长桩不同桩顶荷载下应变和侧阻力随深度变化规律如图2.37（粗线）所示（应变见其中"均质桩"）。

$$q_{\mathrm{s}}(z)=\frac{s(z)}{a+bs(z)} \tag{2-23}$$

式中，a、b 为模型参数，b 的物理意义为 z 深度处极限侧阻力（q_{smax}）的倒数。

$$q_{\mathrm{p}}=\begin{cases}C_{\mathrm{p}}s_{\mathrm{p}} & (s_{\mathrm{p}}\leqslant s_{\mathrm{u}}) \\ q_{\mathrm{pu}} & (s_{\mathrm{p}}>s_{\mathrm{u}})\end{cases} \tag{2-24}$$

式中，C_{p} 为模型参数；s_{p} 为桩端沉降；s_{u} 为桩端极限位移。

图 2.37（a）粗线（均质桩）所示的应变理论解，相当于 z_i 和 ε_i 是"零误差"，对其进行阶数从小到大的多项式拟合，当拟合阶数 n 达到 6 后，R^2 值均等于 1.0000；当拟合阶数 n 达到 11 后，根据拟合应变计算得到的侧阻力分布曲线与理论解图 2.37（b）几乎无区别。表明多项式拟合对应变测试"零误差"的均质桩（E 均相同）确实是适用的。

然而，假定桩侧阻力随深度变化仍如图 2.37（b）所示，将原本上下均质的桩进行改变，将桩体均分成 100 个单元（每个单元长度 0.6m），利用平均分布随机函数设置各单元弹性模量。最终获得桩长范围内弹性模量在（24.87，34.70）GPa 范围内（随机）变化，平均弹性模量仍为 30GPa，重新计算得应变随深度变化曲线如图 2.37（a）细线（非均质桩）所示。此时的应变仍是理论解，相当于应变测试仍是"零误差"，但在采用多项式拟合时仍会出现一些不合理，表明对非均质桩，多项式拟合往往也不能准确表达，添加约束进行多项式拟合才可得到与图 2.37（b）接近的侧阻力分布曲线。

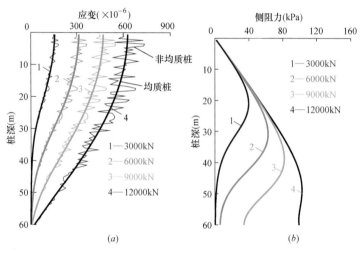

图 2.37　桩身应变理论解案例

因此，使得多项式拟合不适用线测法桩基内力测试，至少包括两个原因：一是由于应变测试点（包括深度和应变两个量）测试有误差，二是因为桩身材料的不均质。此外对灌注桩，桩截面尺寸变化和桩径测试误差也可能导致直接采用多项式拟合不适合。也即上述原因导致了在计算多项式拟合系数 a 时，产生了误差 δa，使得多项式不能较准确表达应变的变化。添加约束的目的就是要通过在拟合时加入一些确切的额外条件，来减小误差 δa，使资料整理结果能符合桩基荷载传递的基本规律和满足测试精度需要。由于约束条件是拟合函数最终必须满足的条件，因此约束条件要力求准确反映客观事实或对反映实测应变的变化趋势有利。

4. 约束条件确定方法

根据前述应变拟合过程，可总结出约束多项式拟合实施步骤如下：

（1）对实测应变首先采用多项式拟合，并进行侧阻力初步计算；

（2）依据桩基荷载传递理论、实测应变的变化趋势以及桩周土性条件等发现拟合结果的不合理之处；

（3）依据桩基荷载传递理论、实测应变的变化趋势、桩周土性条件以及试验桩的其他测试结果（如沉降、声学参数等）等设置约束条件，重新进行约束多项式拟合和侧阻力计算；

（4）重复上述（2）和（3）步骤，直至不合理之处消失。

约束条件一般可包括三类："Ⅰ类约束""Ⅱ类约束"和"设置断点"。前两者主要在桩顶和桩底设置，断点主要在桩中部设置。三类约束条件的设置方法归纳如下：

Ⅰ类约束：当设置在桩底时，由于该处轴力一般较小，桩身材料模量不一致的影响在此处往往较小，应变变化不如上部桩体剧烈，应变随深度变化趋势较明确（见图 2.34a 和图 2.37a），此时可设置某深度处的应变等于实测应变。如图 2.34（a）中，53～58m 深度的实测应变变化趋势是明确的，因此设置了 53m 和 58m 深度函数值等于实测应变的约束，取得了良好效果。但当桩顶部需要设置Ⅰ类约束时，因为弹性模量变异，应变变化幅度较大，此时确定Ⅰ类约束的真值变得往往不容易，此时可根据下部曲线按趋势作向上延伸确定设置值；采用滑动测微计测试时，由于其测管可以作为声波透射法检测桩身混凝土的测管，可根据顶部声学参数（推测混凝土弹性模量情况）适当增减实测应变作为函数值；对于桩周土层较均匀或随深度增加工程性质呈变好趋势的情况，当分析出的侧阻力随深度增加从大变小再变大时，表明设置值偏大，应予以减小。

Ⅱ类约束：部分场地桩极限侧阻力分布形态接近"三角形"，即桩顶位置侧阻力接近于 0，侧阻力随深度呈线性增加，此时可将桩顶位置的Ⅱ类约束设置值设为 0（图 2.34 和图 2.37）。但在将设置值设为 0 之前，要确认桩极限侧阻力分布形态确实接近"三角形"分布，这类桩型有显著特点：应变随深度变化趋势如图 2.34 和图 2.37 所示，桩顶位置应变趋势线与横坐标轴近于垂直，桩体上部趋势线向右下凸，下部向左上凸；由于上部侧阻力小，轴力容易向下传播，桩顶沉降因此较大。此外，对图 2.35 和图 2.36 所示的上节桩，可看出应变变化很小，表明侧阻力很小，可在桩顶位置设Ⅱ类约束值为 0；当轴力明显还未传至桩底时，也可在桩底位置设Ⅱ类约束值为 0（图 2.36）。但除此之外，也有桩在桩顶附近是存在有侧阻力的，再设桩顶Ⅱ类约束值为 0 便不合适，此时可利用小压力（桩顶荷载）下的多项式拟合结果，配合桩顶沉降的观测结果，先确定合理的侧阻力值，按式（2-18）反算Ⅱ类约束值；即：小压力下即使弹性模量有差异，实测应变变化幅度也不大，因此往往采用多项式拟合可得到合理的桩侧阻力，但此时桩顶沉降已达桩土相对极限位移（黏性土4～6mm，砂性土6～10mm）（史佩栋，2009），更大桩顶荷载下的桩侧阻力当不会发生太大变化（软化型土除外），可据此确定大压力下侧阻力值，进而反算其Ⅱ类约束值。对于桩周土层较均匀或随深度增加工程性质呈变好趋势的情况，当分析出的侧阻力随深度增加从大变小再变大时，表明桩顶Ⅱ类约束设置值偏小，应予以增大。

设置断点：相当于是设置一个约束组合，要求断点处上下两个多项式的函数值、一阶导数和二阶导数均相等。设置断点后，计算程序将先计算上部桩段的拟合多项式，该多项式断点深度处的多项式函数值、一阶导数值和二阶导数值将作为约束条件自动增加到下部桩段的多项式拟合当中。需要注意的是，这些约束条件对下部桩段往往不合理，如果不做处理，将可能会导致下部桩段的拟合结果是病态的（数据大幅度振荡）。可通过在断点处针对上部桩段设置Ⅰ类约束来处理该问题，其Ⅰ类约束的设置值可通过试算确定，即通过改变其值分别计算拟合优度R^2，R^2最大或靠近最大且曲线整理拟合效果较好（拟合应变反映实测应变趋势，侧阻力分析结果无明显不合理）时对应的值即是所求（图2.35和图2.36均进行了该处理）。因此设置断点实际上一般包括了如下约束：上部桩段断点处设置Ⅰ类约束，下部桩段断点处设置Ⅰ类、Ⅱ类和Ⅲ类约束。

如表2.5所示在设置断点之后，拟合优度R^2值相对于最小二乘法得到的整桩多项式拟合反而增加的原因，可通过法方程组式（2-13）解释，令$A=Z^TZ$，$b=Z^T\varepsilon$，多项式拟合系数a是线性方程组$Ax=b$的解。考察系数矩阵A，当A按式（2-25）计算得的条件数cond（A）大时，称A对于求解线性方程组是病态的或坏条件的，反之则称为良态或好条件的（徐仲，2014）。良态时，给定误差δA和δb，引起解a的误差δa较小，反之误差δa较大。通过计算可知，应变点数量越多，即式（2-12）中m值越大，A的条件数越大。因而从理论上讲，设置断点后可使A的条件数减小，有助于减小误差δa，增大R^2值，使得出现表2.5情况成为可能。但从实践来看，设置断点减小结果误差适用于实测应变较规则或侧阻力分布具分段特性的情况（如图2.35和图2.36第一节桩侧阻力分布极小，与下部桩具明显区别）；其他情况下，桩身材质不均匀，应变起伏变化大时（如图2.34情况），设置断点的拟合结果将更好地去表现这种起伏，虽然R^2值可能增大，但与通过拟合减小桩身材质不均影响的初衷不符，因而往往起不到好的结果。此外，当拟合阶数n越大时，A的条件数也越大，因此采用约束多项式拟合时阶数也不适宜太大，实践结果表明一般取$n=4～6$为宜。

$$cond(A)=\|A\|\|A^{-1}\|$$
（2-25）

式中，$\|\cdot\|$是矩阵范数。

2.3.4　桩身弹性模量校正

如图 2.38 为混凝土的应力-应变关系曲线（简称"SSC"），即使在峰值强度点以前，混凝土的应力-应变关系也呈现出非线性的特点，其弹性模量随应变的增加而降低，因此在进行轴力计算时，应根据应变量级采用不同的弹性模量，即应建立弹性模量与应变的关系，根据不同的应变选用不同的弹性模量进行轴力计算。

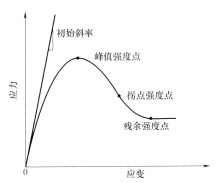

图 2.38　混凝土应力应变模型示意图

由于桩顶荷载和回归（拟合）应变均为已知，因此可根据桩顶荷载和回归应变值按式（2-26）求得不同应变对应的混凝土弹性模量 E_i：

$$E_i = \frac{4}{\pi d^2} \cdot \frac{Q_i}{\varepsilon_{0i}} \tag{2-26}$$

式中　d——平均桩径（m）；

$\quad\quad Q_i$——第 i 级桩顶荷载（kN）；

$\quad\quad \varepsilon_{0i}$——第 i 级荷载下桩顶处的拟合应变。

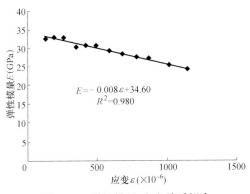

$E = -0.008\varepsilon + 34.60$
$R^2 = 0.980$

图 2.39　弹性模量-应变关系拟合

将这一系列应变及其对应的混凝土弹性模量值进行拟合，即可得到应变和弹性模量的关系曲线，如图 2.39 为本书 3.2 节中 S1 桩的弹性模量-应变关系拟合关系曲线。

2.3.5　轴力计算和侧阻力计算

根据前述拟合得到的应变随深度变化曲线及弹性模量-应变关系，按式（2-27）

计算各深度处轴力。

$$Q_i = \frac{\pi d^2}{4} E(\varepsilon_i^*) \cdot \varepsilon_i^* \tag{2-27}$$

式中　Q_i——计算深度处轴力（kN）；

$\quad\quad d$——桩身平均直径（m）；

$\quad\quad \varepsilon_i^*$——计算深度处拟合应变；

$E(\varepsilon_i^*)$——对应 ε_i^* 的混凝土弹性模量（kPa）。

深度 i 至 $i+1$（m）的平均侧阻力按式（2-28）计算：

$$q_{ski} = \frac{Q_i - Q_{i+1}}{\pi d} \tag{2-28}$$

2.4　桩基负摩阻力测试

2.4.1　桩基负摩阻力的产生与危害

负摩阻力是由于土层沉降大于桩下沉量，导致下拽力作用于桩侧面，增大了桩身荷载及下沉量，可能会引起桩基失稳。土层沉降可以由于地面堆载、地下水降低、黄土湿陷、冻土融化及欠固结软土或水力充填土的自重等多种原因引起。20世纪40年代后期，桩基的负摩阻力问题才逐渐被人们所认识，并在前人基础上不断提出负摩阻力、中性点等概念及其计算方法。一般情况当桩承受上部荷载时，地基土会对桩基产生向上的摩阻力。但是，当地面堆载、地下水位下降（自重固结）及湿陷性黄土遇水等因素造成的土体沉降大于桩体沉降时，桩侧土产生的摩阻力非但不能为承受上部荷载处做贡献，反而要产生作用于桩身且与荷载方向相同的下拽荷载。将这种桩侧土相对于桩向下运动时，对桩侧壁产生向下作用的摩阻力称为负摩阻力。桩身沉降与桩侧土沉降相等的截面，即桩身负摩阻力和正摩阻力转换点即为中性点。中性点是作用于桩体上向下的力（桩顶荷载与负摩擦力）与向上的力的（正摩擦力与桩端反力）的平衡点，同时也是轴力最大、负摩阻力为零的点。单桩相关负摩阻力示意如图2.40所示。

湿陷性黄土对桩基产生负摩阻力的机理：由于水的浸入，土的结构发生变化，土体发生下沉，尽管桩基在上部轴向荷载作用下也产生压缩下沉，但往往周围土层产生的下沉量大于桩基本身的下沉量，形成周围湿陷土层对于桩基的相对下沉，桩周一定厚度的湿陷土体通过摩擦力而悬挂在桩体上，负摩阻力随之产生，从而增大桩基所受的轴向荷载，随着黄土湿陷变形的增大，桩侧负摩阻力的增加速度较快，中性点由上向下移动。随着黄土的湿陷变形逐渐趋于稳定，负摩阻力的增加速度放慢，并出现峰值，在某些试验场地停水后，土体会发生新的固

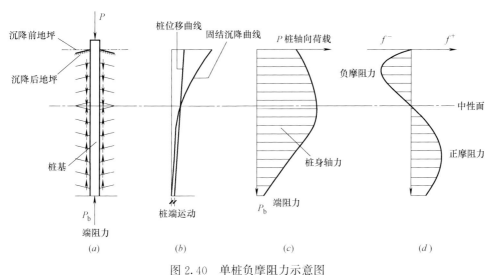

图 2.40　单桩负摩阻力示意图

（a）桩体受力；（b）沉降曲线；（c）桩身轴力；（d）负摩阻力

结（或二次湿陷）沉降，会出现"第二次峰值"现象（张广林等，1998），也有场地在浸水阶段未出现负摩阻力，仅在停水后出现负摩阻力的情况（李大展等，1993，1994）。

负摩阻力对于桩基性能的不利影响主要有三个方面：一是负摩阻力的存在造成桩侧正摩阻力减小，负摩阻力是对桩身施加的附加荷载，从而引起基桩实际荷载的增加和有效承载力的降低；二是负摩阻力的出现大大地减小了桩侧土体提供的荷载抗力，使桩的承载力依靠中性点以下桩侧和桩端土体来提供，使得桩端土体沉降的增加而造成基桩沉降的增加；三是负摩阻力形成了对桩基的附加荷载，造成桩身轴力的增加并使得桩身最大轴力不出现在桩顶，而是出现在中性点处，从而降低了桩身强度安全度。

20 世纪 70 年代开始，我国在湿陷性黄土地区应用桩基的工程较多，已发生因未考虑负摩擦力而引起工程事故的问题。湿陷性黄土在黄土分布区域里比较普遍，约占黄土地区总面积的 60%（38 万 km²）左右，其特殊的工程性质体现在对建筑地基的影响上。在工程建设中由于黄土地基发生湿陷变形，导致基础下沉或不均匀沉降，致使建筑物开裂、倾斜、下沉，道路和场地裂缝，管沟破坏。桩基础是对黄土地基常用的地基处理形式，尤其对一些大型工程一般采用桩基础。因此，由于黄土湿陷导致的桩身负摩阻力必须在设计中予以充分考虑。一般对黄土桩基的负摩阻力监测采用现场桩基浸水载荷试验进行，试验桩位于圆形或长方形的浸水坑中，坑径或边长一般等于或大于自重湿陷土层的下限深度，测试过程中不间断地向试坑注水至土层沉降稳定（负摩阻力同时稳定），停水后继续观测至沉降再次稳定（负摩阻力同时稳定）为止。

2.4.2 桩基负摩阻力内力测试

桩基的负摩阻力测试主要采用悬吊法、钢筋计法和滑动测微计法三种测试技术进行负摩阻力测试，其优缺点分析如下：

（1）悬吊法测试技术

该法的优点是直接测得桩的下拉荷载，经过简单计算就可获得负摩阻力平均值，回避了其他测试方法资料分析中需要面对的桩身混凝土弹性模量差异、桩身混凝土徐变等问题。

但悬吊法缺点也较明显：

1）悬吊法的受力状态和桩在实际工作中的受力条件不同，用该法测得的负摩阻力和桩在实际受力状态下的负摩阻力是否一致目前还无明确结论。

2）悬吊法测试要求桩顶不产生位移，但在实际中难以做到，桩顶产生位移会对测试结果造成一定影响。

3）该法不能得到负摩阻力沿桩深的分布曲线。根据其他测试方法结果，负摩阻力沿桩深是变化的，因此其测试结果是和悬吊桩的桩长相关的，比如当桩长超过实际发生沉降的土层深度时，下部桩体可能产生正侧阻力和端承力，使实测结果偏小。

4）以往试验采用悬吊法试验的桩长大部分均较短，不能完全反映大厚度湿陷性黄土的负摩阻力值。

（2）钢筋计法测试技术

相较悬吊法，该法的试验桩受力状态接近工程桩的实际受力状态，该法的主要缺点有：

1）该法属于点测法，测试得到的平均负摩阻力和钢筋计传感器安装的位置有关，应有传感器安装在中性点位置，但在试验前，中性点位置是不易确定的，若安装传感器的断面较少，可能会对试验结果造成影响。

2）需经过多次转换才能得到桩的负摩阻力值，需用到钢筋弹性模量、混凝土弹性模量以及桩截面面积等参数，尤其是前两者在实际中不易准确确定，往往会给试验结果带来较大误差。

（3）滑动测微计测试技术

相对于钢筋计法，滑动测微计有其明显优势，可以直接获得连续的混凝土应变，且不用通过测试其他物理量转换成混凝土应变；监测过程中可以随时进行探头标定以消除零点漂移影响，从而获得较高精度；同时对应变进行断面修正以及进行曲线拟合，可以消除部分桩径和桩体弹性模量不均匀的影响，但其成果也不是绝对的可靠。

资料分析过程中的应变拟合，对反映侧阻力的总体趋势、消除测试误差以及桩身材料的不均匀性具有帮助，但应变拟合也可能会使负摩阻力分布曲线与实际有所偏差，如图 2.41 所示，假定一个侧阻力分布曲线为实际的侧阻力分布曲线，反算其桩身应变，对其进行多项式应变拟合后再求侧阻力分布曲线，可以看出，即使拟合应变与实际应变很接近，但分析得到的侧阻力分布曲线与实际仍有差异，主要表现为计算得到的侧阻力分布曲线较实际要光滑平缓一些，但对负摩阻力的平均值和中性点深度影响不大，因此滑动测微计法得到的负摩阻力平均值和中性点深度较为可靠，而对负摩阻力的分布曲线应谨慎对待。

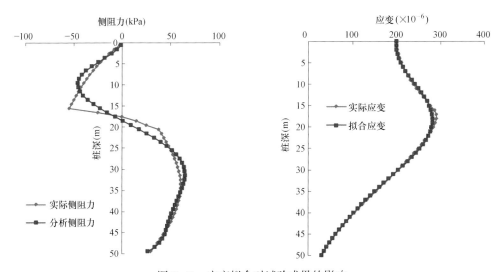

图 2.41 应变拟合对试验成果的影响

负摩阻力监测的主要目的是确定地层沉降期间桩身轴向应力分布规律，需要在试坑浸水期间长期监测桩身内力变化规律，长期监测就需要考虑混凝土徐变对桩基内力测试结果的影响。关于混凝土的徐变，国内外学者建立了较多的经验预测模型，但难以满足桩身内力测试较高精度的应变要求。

2.4.3 徐变对桩基负摩阻力测试的影响

自重湿陷性黄土场地中的黄土，在水的浸湿和上覆土的自重压力作用下会发生显著的附加下沉，当采用桩基时会产生负摩阻力作用。在湿陷性黄土地区，混凝土桩是主要的桩基类型。为研究湿陷性黄土地区桩基的负摩阻力发挥性状，以及确定桩基工程设计时所需的负摩阻力大小和中性点深度等参数，往往进行湿陷性黄土场地桩基的现场浸水试验。在 20 世纪 80 年代以前，多采用悬吊法进行黄土场地桩基负摩阻力的试验研究；随着测试技术的发展，20 世纪 90 年代以后多采用在桩身中埋设传感器通过内力测试来进行负摩阻力的测试，通常的做法是在黄土浸水过程中，维持试桩桩顶恒定荷载（包括零荷载）不变，在桩体中埋设传感器测试黄土在浸水发生附加下沉过程中桩身混凝土应变的情况，按弹性理论式计算桩身不同测试断面的轴力，进而获得桩侧阻力（含负摩阻力大小和中性点深度）。

然而在采用埋设传感器进行的桩基浸水试验中，湿陷性黄土浸水沉降稳定所需的时间（从浸水开始到沉降基本稳定）较长，试验一般需持续 1~3 个月。在此过程中，试桩桩体混凝土在轴力的作用下除发生弹性应变外，还会发生徐变，因此，在试桩环境条件（温度和湿度）维持不变条件下，埋设在桩身中的传感器测试得到的应变实际上包含了弹性应变和徐变两部分。在以往的测试资料整理工作当中，往往忽略徐变的影响，直接将测试得到的应变代入式（2-27）计算桩身轴力，当桩顶处计算轴力和桩顶施加荷载不一致时，一般通过在公式右侧增加一小于 1 的固定修正系数对桩身的轴力进行修正，使在桩顶处计算的轴力和荷载相等（本书称之为常规方法）。

如图 2.42 为某自重湿陷场地中桩基浸水试验得到的 S3（后湿）和 S5（预湿）桩身（同于本书 3.2 节的 S3 和 S5 桩）应变随深度变化曲线（桩身应变进行了拟合）。

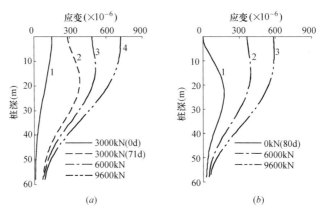

图 2.42　某自重湿陷场地桩基浸水试验应变曲线
（a）S3 桩；（b）S5 桩

S3 桩在浸水前分级加压至 3000kN；在该荷载作用下桩顶沉降稳定后向试坑内浸水，桩周土体发生自重湿陷沉降过程中维持桩顶 3000kN 荷载不变；从浸水日起算 71d（浸水 53d 后停止向试坑浸水）后桩周土体变形已稳定，按慢速维持荷载法再分级加载至破坏。图 2.42（a）中的曲线 1 和 2 分别为浸水前和黄土沉降稳定后的桩身应变随深度的变化曲线，两曲线所对应的桩顶荷载均为3000kN；曲线 3 为浸水后继续加压至 6000kN 的应变曲线；曲线 4 为极限荷载9600kN 作用下的应变曲线。

S5 桩在桩周黄土发生沉降过程中不施加荷载，从浸水日起算 80d 后按慢速维持荷载法分级加载至破坏。图 2.42（b）中曲线 1 为黄土沉降稳定后（从浸水日起算 80d）的应变曲线，曲线 2 和 3 分别为桩顶荷载 6000kN 和 9600kN（极限荷载）作用下的应变曲线。

对应图 2.42 中的应变曲线，图 2.43 和图 2.44 分别为不考虑徐变影响按前述常规方法和考虑徐变影响（分析方法见后）分析得到的侧阻力随深度变化曲线。

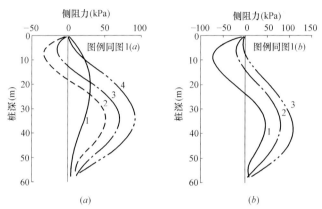

图 2.43 不考虑徐变的侧阻力分析结果

（a）S3 桩；（b）S5 桩

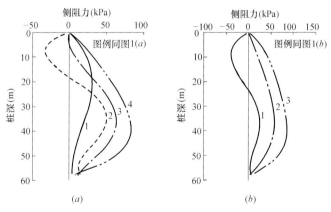

图 2.44 考虑徐变的侧阻力分析结果

（a）S3 桩；（b）S5 桩

分析图 2.42～图 2.44，有：

（1）对比图 2.42（a）中曲线 1 和 2，在维持 3000kN 的长期荷载作用下，桩顶处发生了较大徐变量，徐变与弹性应变的比值为 0.89，表明该桩的徐变和弹性应变基本在同一个数量级。

（2）按常规方法分析（图 2.43），1 号、2 号桩浸水产生的负摩阻力平均值分别为 22kPa 和 46kPa，得到无荷载桩负摩阻力比有荷载桩大得多的规律；但考虑徐变影响分析得到的结果（图 2.44）分别为 23kPa 和 25kPa，两者差异并不大。此外，图 2.43 中极限荷载下两桩的桩侧阻力分布特征具较大差别，而图 2.44 中桩侧阻力分布特征趋于统一。

因此在桩基浸水试验中，桩身混凝土在长期荷载作用下产生的徐变量较大，应充分考虑长期荷载作用下桩身徐变的影响，否则会给负摩阻力以及后期桩周土体沉降稳定后加载过程中的桩侧阻力分析结果带来较大影响，甚至出现规律性的偏差。

2.4.4　消除徐变影响的理论公式

混凝土徐变是指混凝土在某一不变荷载的长期作用下（即应力维持不变时），其应变随时间而增长的现象。徐变增长可延续几十年，但大部分在 1～2 年内出现，前 2～6 个月发展最快，对加载龄期为 28d 的混凝土，收敛时（持荷时间 $t=\infty$）徐变与弹性应变的比值达 2～4。严格来说，应该采用非线性的徐变准则来预测混凝土结构的徐变变形，但是目前非线性徐变理论还没有达到实用的地步，人们常常近似地认为徐变变形与其应力之间存在着线性关系，服从 Boltzman 叠加原理。在下列条件下，实测结果与叠加原理（或者线性关系）非常接近（孙海林等，2004）：

（1）应力的数值低于混凝土强度的 40%～50%，或者是说在工作应力范围之内；

（2）应变值在过程中没有减小；

（3）徐变过程没有经历显著的干燥；

（4）在初始加载以后应力值没有大幅度增加。

与前三个条件的任何一个相比，违背最后一个条件引起的误差较小，最后一个条件在计算时通常可以忽略。在桩基浸水试验中，条件（1）和（3）可以通过人为干预实现；条件（2）基本满足，即试验中由于负摩阻力的逐渐发展，桩身应变是逐渐增加的。在叠加原理和线性徐变假设条件下，徐变可表达为（孙海林等，2004）：

$$\varepsilon_c(t)=\sigma(\tau_0)C(t,\tau_0)+\int_{\tau_0}^t C(t,\tau)\mathrm{d}\sigma(\tau) \tag{2-29}$$

将式（2-29）离散，有：

$$\varepsilon_c(t)=\sigma(\tau_0)C(t,\tau_0)+\sum_{i=1}^n \Delta\sigma_i C(t,\tau_i) \tag{2-30}$$

式中　　　　$\varepsilon_c(t)$——t 时刻的徐变应变；

$\sigma(\tau_0)$——τ_0 时刻施加的应力；

$\Delta\sigma_i$——τ_i 时刻施加的应力；

$C(t，\tau_0)$、$C(t，\tau_i)$——加载龄期分别为 τ_0 和 τ_i 的徐变度函数（即单位应力
下的徐变函数）。

结合混凝土徐变的定义，式（2-30）的实质是将连
续变化的荷载离散成若干不变荷载叠加计算变荷载的徐
变量。运用其计算桩身混凝土的徐变，需知离散荷载
（$\Delta\sigma_i$）的施加时间 τ_i。设桩基浸水试验中不同监测时
间 t_n（$n=1，2，3\cdots$）的轴力如图 2.45 所示，浸水前
最后一级荷载的加载时间 τ_0 为已知；取任一应变监测
断面为研究对象，浸水前在桩顶荷载作用下稳定后的轴
力为 P_0（加载时间较短，可不考虑徐变，按式（2-31）
计算），浸水后随着负摩阻力的发展，t_n 时间的轴
力为：

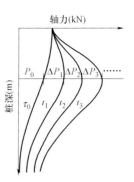

图 2.45　轴力离散

$$P_n = P_0 + \sum_{i=1}^{n} \Delta P_i \tag{2-31}$$

式中 ΔP_i 是连续变化的，但当内力监测间隔不大时，可将连续变化的轴力
进行离散，假定 ΔP_i 在本次测试时间 t_i 与上次测试时间 t_{i-1}（$i=1$ 时为 τ_0）的
中间时刻 τ_i 集中发生。

根据弹性理论，有：

$$EA(\varepsilon^* - \varepsilon_c) = P_0 + \sum_{i=1}^{n} \Delta P_i \tag{2-32}$$

式中　E——桩身混凝土弹性模量；

　　A——桩截面积；

　　ε^*——t_n 时刻测试得到的（总）应变；

　　ε_c——t_n 时刻的徐变应变；

　　P_0——浸水前桩身轴力；

　　n——浸水期 t_n 时刻已监测的内力测试次数。

将式（2-30）代入式（2-32），整理后可得：

$$\Delta P_n = \frac{1}{1+EC(t_n，\tau_n)}\{E[A\varepsilon^* - P_0 C(t_n，\tau_0) - \sum_{i=1}^{n-1}\Delta P_i C(t_n，\tau_i)] - P_0 - \sum_{i=1}^{n-1}\Delta P_i\}$$

$$\tag{2-33}$$

根据式（2-31）、式（2-33）可递推计算得到浸水期第 n 次（$n=1，2，3，\cdots$）
次内力测试时的轴力，可作为桩基浸水试验内力测试结果分析的基本公式。

消除混凝土徐变后的弹性应变为：

$$\varepsilon_n = \frac{P_n}{EA} = \varepsilon^* - \frac{P_0}{A}C(t_n, \tau_0) - \sum_{i=1}^{n}\frac{\Delta P_i}{A}C(t_n, \tau_i) \qquad (2\text{-}34)$$

2.4.5　消除徐变的桩基负摩阻力测试

根据式（2-31）、式（2-33）计算桩基浸水试验过程中的桩身内力，关键在于确定徐变度函数。关于混凝土的徐变，国内外学者建立了较多的经验预测模型，但难以满足桩身内力测试较高精度的应变要求。桩基浸水试验成果分析过程中用到的徐变度函数以试验实测为基础，一种方法是采用室内试验，即将和试桩混凝土配比相同的试样，模拟试桩的养护和工作条件，在不同的加载龄期荷载作用下测试徐变，拟合混凝土的徐变度公式，其缺点是较为费时，优点是可以获得不同加载龄期的徐变度函数曲线；另一种方法是现场实测，即在试桩桩顶附近设置标定段，测试试验过程恒定荷载 Q 作用下标定段混凝土徐变变化，其缺点是仅能获得式（2-33）中的 $C(t_n, \tau_0)$，而不能获得 $C(t_n, \tau_i)$，优点是方便操作。

2.4.5.1　徐变度函数的确定

现场实测徐变度函数曲线，必须在有荷载桩上进行，其方法是在桩顶附近设置标定段（图 2.46），标定段应距桩顶一定距离，避开试桩横截面上应力不均匀的桩段。试验中，在负摩阻力测试期间维持桩顶荷载 Q（对应应力 Q/A）不变，监测标定段随时间增长的混凝土徐变，将其换算成单位应力作用下的徐变，并采用双曲线、多项式及其他曲线方式对徐变监测数据进行拟合，即得到徐变度函数表达式 $C(t, \tau_0)$，如图 2.47 为某场地 1 号桩拟合得到的徐变度函数曲线 $C(t, \tau_0)$。

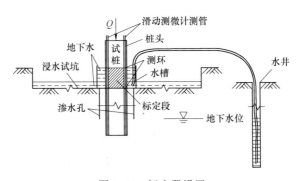

图 2.46　标定段设置

徐变计算的基本理论主要包括老化理论、先天理论（又称为继效理论）和混合理论（又称为弹性徐变理论）。如已知加载龄期 τ_0 的混凝土徐变度基本曲线 $C(t, \tau_0)$，通过坐标系的垂直平移和水平平移可分别得到老化理论和先天理论任意加载龄期 τ 的混凝土徐变度曲线，即：

老化理论：$C(t, \tau) = C(t, \tau_0) - C(\tau, \tau_0)$

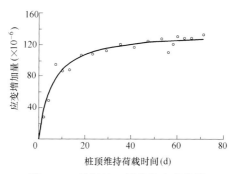

图 2.47　某场地 1 号桩徐变度曲线

先天理论：$C(t, \tau) = C(t - \tau + \tau_0, \tau_0)$

老化理论考虑了混凝土老化对徐变变形的影响。而先天理论强调了徐变变形的遗传性。实际上，混凝土在前期老化特征十分明显，而后期则主要表现为遗传性，这一点已被试验所证明（晏育松，2007）。对于桩基浸水试验特点，浸水时桩身混凝土龄期大多在 28d～90d 之间，根据有关徐变试验结果（李之达等，2006；陈武等，2007）及图 2.47 综合分析，试验期间混凝土徐变随加载龄期的增大确有减小，采用先天理论会高估徐变量值，但采用老化理论也会低估徐变量值；就负摩阻力分析结果而言，运用先天理论得到的负摩阻力偏小，而老化理论得到的偏大，真实负摩阻力值处于两者之间。考虑工程上允许的误差，可考虑将先天理论和老化理论分析得到的负摩阻力值加以平均作为负摩阻力测试值，但在工程设计时应考虑误差可能带来的影响。

徐变混合理论将老化理论和先天理论相结合，可更好地模拟徐变的特点，更准确测试负摩阻力值，但需要在试验中测得多个加载龄期下的徐变度曲线。

2.4.5.2　试桩及监测要求

影响混凝土徐变的因素很多，主要包括混凝土的组成、环境条件（包括制作和养护条件）、应力情况、构件尺寸等（李之达等，2006；唐家华等，2005）（其中处于密闭状态的混凝土，构件尺寸不影响徐变）。为确保测试得到较好的标定段徐变曲线并具有代表性，试验桩和监测时间间隔应满足一定的要求。

（1）桩身混凝土强度

式（2-33）是根据线性徐变理论导出的轴力计算公式，只有当最大轴力小于 0.4～0.5 倍混凝土强度才能适用，超过该值徐变将呈现非线性，徐变度曲线将与应力大小有关，使得徐变问题更加复杂。因此应根据负摩阻力测试期间桩顶维持荷载大小以及预估下拉荷载大小，选择试桩合适的强度等级，使桩身混凝土的抗压强度大于 2.5 倍中性点处应力；反之，也可根据桩身混凝土强度等级和预估下拉荷载大小，控制桩顶维持荷载的大小。

（2）试验工况

需采用现场试验测试徐变度曲线时，必须在有荷载桩上进行，因此不宜单独进行无荷载桩的负摩阻力的试验。当需将有荷载桩上测得的徐变度曲线运用到无荷载桩上时，两桩的混凝土组成、成桩时间及环境条件等应基本相同。

（3）内力监测时间间隔

前述方法是将连续变化的轴力进行离散，并假定轴力增量的发生时间是在两次内力监测时间的中间时刻，因此内力监测的时间间隔不宜太长，尤其是在浸水初期徐变迅速增长，以及浸水初期和停水初期负摩阻力（桩身轴力）迅速增长期间。

（4）温度和湿度控制

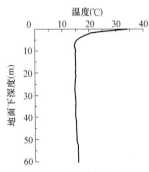

图 2.48 西安夏季地下温度

图 2.48 为西安某黄土场地夏季测得的地温随深度变化曲线，从图中可以看出地面下 5m 以上的土层温度受大气温度的影响较为严重，而其下的温度较为恒定。而桩基浸水试验历时较长，往往还跨越不同季节，大气温度变化幅度较大，不采取措施将使得桩顶附近标定段的不具代表性，甚至出现实测应变较为混乱的情况（混凝土温度每升高 1℃，将产生约 12.4×10^{-6} 的应变）。因此应采取措施使得标定段的温度较为恒定，且与下部桩体基本相同，当采用地下水作为浸水水源时，可在标定段周围设置一个水槽（图 2.46），让地下水从底部进入水槽，上部溢出进入浸水试坑，以起到标定段温度基本恒定且与下部桩体温度基本相同的目的。同时标定段的湿度也存在和温度相类似的问题，若在水槽中设置渗水孔，可使得上下桩体混凝土的湿度（养护条件之一）迅速达到基本相同，标定段测得的徐变度曲线更具代表性。

第3章 工程实例

3.1 钻孔灌注桩内力测试

3.1.1 工程概况及场地岩土工程条件

3.1.1.1 工程概况

工程场地位于西安市雁塔区。拟建工程地上主体 23 层,高度 98.9m;主体以上再建两层塔楼高 8.4m;地下 2 层,基础埋深 11m。上部结构为剪力墙薄壁内筒和密排柱外框筒组成的筒中筒结构,钻孔灌注桩基础,桩径 800mm,桩长 47m,设计桩顶高程−11m,预估单桩竖向极限承载力标准值不小于 12000kN。

3.1.1.2 场地岩土工程条件

场地地貌单元属皂河冲洪积平原一级阶地。地下水属潜水类型,稳定水位埋深 9.6~9.8m,相应标高 396.45~396.58m,地下水对混凝土结构无腐蚀性。场地地基土自上而下主要由填土、第四纪全新世冲积黄土状土、中粗砂、粉质黏土、砾砂、晚更新世冲积粉质黏土、中粗砂及中更新世冲积粉质黏土等组成。试桩桩端位于粉质黏土层中。本场地各黏性土层均为中压缩性性、超固结土;饱和砂土为不液化土层;钻孔柱状图见图 3.1。

3.1.2 试验设计及试验方法

3.1.2.1 试坑、试桩及锚桩设计

由于拟建建筑物荷重较大,桩体选用钢筋混凝土钻孔灌注桩。本工程试桩在建设场地外进行,试桩数量 3 根,每根桩静载试验所需的反力由 4 根锚桩提供,试桩及锚桩平面位置图见图 3.2。由于设计桩顶−11m 位于地下水位附近,为便于试验,设计将试桩桩顶调整到−7.0m,试桩及锚桩均采用泥浆护壁反循环法施工,设计参数见表 3.1。

3.1.2.2 试验内容及流程

本工程中根据规范要求对试桩进行单桩竖向静载试验,以确定工程桩基的承载力和沉降特性,并采用滑动测微计对试桩的内力进行测试,对桩基荷载传递特性进行分析,为基桩设计提供必要的参数,同时为了保证测试桩的施工质量及工艺水平,对试桩进行成孔测试和桩身质量检测。具体流程为:

层号	土名	层底深度 (m)	层底标高 (m)	柱状剖面	岩芯描述	物理力学性质指标
②	黄土状土 Q_4^{lal}	4.30	399.78	401.1	褐黄色，硬塑。具大孔、虫孔，含有氧化铁，层位稳定，分布连续	$w=18.3\%$ $\gamma=17.6kN/m^3$ $\gamma_d=14.9\ kN/m^3$ $e=0.782$ $S_r=65\%$ $a_{1-2}=0.20MPa$ $I_L=0.13\ E_{s1-2}=11.4MPa$
③₁	中粗砂 Q_4^{lal}	9.0	394.58	396.0	褐黄色，中密。含有氧化铁和云母片，矿物成分以石英、长石为主。分布连续	$N'=20$击
③₂	粉质黏土 Q_4^{lal}	9.60	393.98		黄褐—褐黄色，可塑。含有氧化铁，可见黑色锰质小斑点。局部缺失	$w=22.3\%$ $\gamma=19.3kN/m^3$ $S_r=88\%$ $a_{1-2}=0.15MPa^{-1}$ $I_L=0.38$ $E_{s1-2}=11.5MPa$
④₁	中粗砂 Q_4^{lal}	13.20	390.88		褐黄色，饱和，密实。含有氧化铁和云母片，黏性土含量较低。分布连续	$N'=59$击
④₂	砾砂 Q_4^{lal}	20.40	383.68		褐黄色，饱和，密实。含有氧化铁和云母片，黏性土含量较低，下部粒径逐渐变粗，分布连续	$N'=83$击
⑤	粉质黏土 Q_4^{lal}	23.40	380.68		褐黄色，可塑。含有较多氧化铁，可见蜗牛壳碎片和黑色小斑点	$w=23.0\%$ $\gamma=19.7kN/m^3$ $\gamma_d=16.0\ kN/m^3$ $e=0.665$ $S_r=94\%$ $a_{1-2}=0.19MPa^{-1}$ $I_L=0.38\ E_{s1-2}=10.9MPa$
⑥	粉质黏土 Q_3^{lal}	34.50	369.58		灰色，硬塑。含有氧化铁和少量钙质结核，可见蜗牛壳碎片。含密实中砂透镜体	$w=21.7\%$ $\gamma=19.9kN/m^3$ $\gamma_d=16.3\ kN/m^3$ $e=0.643$ $S_r=93\%$ $a_{1-2}=0.14MPa^{-1}$ $I_L=0.25\ E_{s1-2}=13.1MPa$
⑦	粉质黏土 Q_3^{lal}	40.70	363.38		黄褐—褐黄色，可塑。含有较多氧化铁和黑色锰质小斑点，可见钙质结核。层位稳定，分布连续	$w=22.4\%$ $\gamma=19.8kN/m^3$ $\gamma_d=16.2\ kN/m^3$ $e=0.644$ $S_r=94\%$ $a_{1-2}=0.18MPa^{-1}$ $I_L=0.29\ E_{s1-2}=9.2MPa$
⑧	粉质黏土 Q_3^{lal}	46.30	357.78		褐黄色，可塑。含有氧化铁和较多钙质结核，可见黑色锰质小斑点。层位稳定，分布连续	$w=22.5\%$ $\gamma=19.7kN/m^3$ $\gamma_d=16.2\ kN/m^3$ $e=0.646$ $S_r=94\%$ $a_{1-2}=0.18MPa^{-1}$ $I_L=0.30\ E_{s1-2}=8.6MPa$
⑨	中粗砂 Q_3^{lal}	47.70	356.38		灰黄色，饱和，密实。含有氧化铁和云母片，矿物成分以石英、长石为主	$N'=80$击
⑩	粉质黏土 Q_2^{lal}	53.70	350.38		黄褐—褐黄色，可塑。含有氧化铁和较多钙质结核，局部相变为黏土	$w=25.4\%$ $\gamma=19.4kN/m^3$ $\gamma_d=15.5\ kN/m^3$ $e=0.724$ $S_r=95\%$ $a_{1-2}=0.19MPa^{-1}$ $I_L=0.28\ E_{s1-2}=10.2MPa$
⑪	粉质黏土 Q_2^{al}	61.60～70.30	341.18～343.07		黄灰色，可塑。含有氧化铁和钙质结核，局部相变为黏土。层位稳定，分布连续	$w=22.9\%$ $\gamma=19.7kN/m^3$ $\gamma_d=16.0\ kN/m^3$ $e=0.664$ $S_r=95\%$ $a_{1-2}=0.17MPa^{-1}$ $I_L=0.28\ E_{s1-2}=9.4MPa$

图3.1 钻孔柱状图

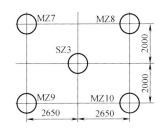

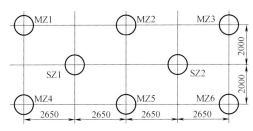

图 3.2　试桩及锚桩平面布置图

试桩及锚桩设计参数　　　　　　　　　　　　　　　　　表 3.1

桩类型	数量(根)	桩长(m)	桩径(mm)	主筋	混凝土强度等级	桩顶高程(m)
试桩	3	51.0	800	12Φ18	C35	−7.0
锚桩	10	50.5	800	22Φ28	C35	−7.5

（1）成孔测试：对三根试桩的钻孔孔径、垂直度以及孔底沉渣厚度进行测试，目的是检验和评价施工机械和工控工艺的适应性，为桩基内力测试分析提供孔径数据。

（2）桩身质量检测：采用声波投射法和反射波法两种手段，从纵、横两个方向评价桩身完整性，以确定可能出现的桩身缺损对试验结果的影响。

（3）单桩竖向静载试验：使用锚桩反力梁，慢速维持荷载进行试验，以确定试桩的极限承载力标准值，并为桩身内力测试提供不同荷载状态。

（4）桩身内力测试：使用滑动测微计对不同荷载状态下的桩身应变进行测试，对桩侧阻力、端阻力荷载传递规律进行分析。

3.1.2.3　成桩质量检测

（1）成孔测试

采用孔径仪对试桩成孔质量进行检测，检测得到的孔深、孔径、沉渣厚度和垂直度偏差等结果列于表 3.2。

由孔径测试曲线来看，三根试桩的成孔孔径大部分在 810～850mm 之间波动，总体上是均匀的，孔径一致性良好；三根桩平均孔径分别为 835mm、834mm 和 838mm，均不小于设计 800mm 孔径。三根试桩的孔底沉渣厚度测试结果不大于10cm，钻孔垂直度偏差小于1％，均满足规范要求。三根试桩成孔质量良好，各项指标均满足规范要求。

成孔测试结果 表3.2

桩号	孔口标高 (m)	实测孔深 (m)	孔径(mm)			沉渣厚度 (cm)	垂直度偏差 (％)
			最大孔径	最小孔径	平均孔径		
SZ1	402.09	53.30	930	820	835	10	<0.58
SZ2	402.09	52.70	970	810	834	10	<0.58
SZ3	401.94	53.00	950	810	838	9	<0.58

（2）桩身质量检测

通过低应变反射波检测方法测得各桩测试曲线形态规则，桩底反射清晰，激发信号与反射信号之间曲线光滑，无异常波动，表明各桩桩身结构是完整的，无不良缺陷，且三根试桩的反射波速度为3550～3700m/s，平均值为3617m/s，表明试桩桩身混凝土质量良好。另外采用声波透射法对SZ1和SZ3两根试桩进行测试，结果显示桩身完整，且混凝土质量良好。将低应变测试与声波投射法的测试结果结合起来综合判断本次试桩桩身质量良好，满足工程建设需要。

3.1.3 单桩竖向静载试验

三根试桩竖向静载试验终止荷载分别是：SZ1为16800kN，SZ2为15600kN，SZ3为14400kN。试验时，SZ1试桩加载至16800kN后3.5h，SZ2试桩加载至15600kN后45min时，因桩身混凝土被压碎而终止了试验。SZ3试桩加载至14400kN并维持2h，桩顶沉降增量已超过上一级荷载作用下沉降量的5倍，考虑到SZ1和SZ2试桩在大荷载下桩身混凝土被压碎的情况，为了桩身残余变形，即卸荷进行了回弹观测，卸荷到0后重新快速加载，当加至14400kN时桩身混凝土被压碎。

按照《建筑基桩检测技术规范》JGJ 106—2014有关极限承载力取值的规定，三根试桩的桩长、桩径及极限承载力见表3.3，原始试验数据见表3.4，表中桩身压缩（变形量）根据内力测试的实测应变结果计算得到，三根桩的 Q-s 曲线如图3.3所示。

SZ1和SZ2试桩在荷载增加到一定值后，桩顶沉降骤然增加，表明试桩已经破坏。SZ3试桩当桩顶荷载达14400kN时，桩顶沉降已超过前一级的5倍，已达到极限状态，考虑到试桩SZ1和SZ2在大荷载下混凝土被压碎的情况，为了得到桩身残余变形的数据，终止了本级桩顶沉降的观测，进行卸荷回弹，图中虚线部分为回弹曲线和回弹结束后再加载曲线。再加载时桩顶荷载已不能达到第一次加载时的最大荷载。SZ3 试桩的残余变形为 16.89mm，回弹率为 0.54。

三根试桩的极限强度状态主要受桩身材料强度控制。因此本工程场地的极限承载标准值可取各桩实测值的平均值，即为 13600kN。

试桩参数表

表 3.3

试桩编号	SZ1	SZ2	SZ3
桩顶标高(m)	401.10(−5.9)		
桩底标高(m)	348.79(−58.21)	349.40(−57.60)	348.94(−58.06)
实际桩长(m)	52.31	51.71	52.16
桩头出露高度(m)	1.90	1.95	2.10
入土桩长(m)	50.41	49.76	50.06
混凝土强度等级	C35		
主筋	6Φ18mm×28m+6Φ18mm×51.7m		
首级荷载(kN)	2400		
终止荷载(kN)	16800	15600	14400
荷载增量(kN)	1200		
最大桩顶沉降(mm)	117.37	82.16	37.03
试验时间(h)	65	33	35

单桩竖向静载试验数据表

表 3.4

荷载 (kN)	SZ1			SZ2			SZ3			
	s(mm)	Δs(mm)	t(h)	s(mm)	Δs(mm)	t(h)	s(mm)	Δs(mm)	t(h)	回弹
0	0.00	0.00		0.00	0.00		0.00	0.00		16.89
2400	1.47	1.47	2	2.20	2.20	2	2.17	2.17	3	23.16
3600	2.79	1.32	2	3.43	1.23	2	3.41	1.24	2	
4800	4.33	1.54	2	4.75	1.32	2	4.92	1.51	2	29.34
6000	6.16	1.83	2	6.21	1.46	2	6.85	1.93	2.5	
7200	8.01	1.85	2	7.92	1.71	2	9.13	2.28	2.5	32.36
8400	10.23	2.22	2	9.80	1.88	2.5	11.79	2.66	2.5	
9600	12.29	2.06	3	11.73	1.93	2	14.72	2.93	3.5	35.11
10800	15.62	3.33	7.5	14.49	2.76	9.5	18.19	3.47	8	
12000	18.09	2.47	3	16.84	2.35	2.5	21.14	2.95	3.5	36.76
13200	21.73	3.64	4.5	19.49	2.62	2	24.14	300	2	
14400	36.80	15.07	15.5	24.39	4.93	3.5	37.03	12.89	2	37.03
15600	55.99	19.19	15.5	82.16	57.77	0.75				
16800	117.23	61.38	3.5							

注：s—累积沉降；Δs—单级沉降；t—单级维持荷载时间。

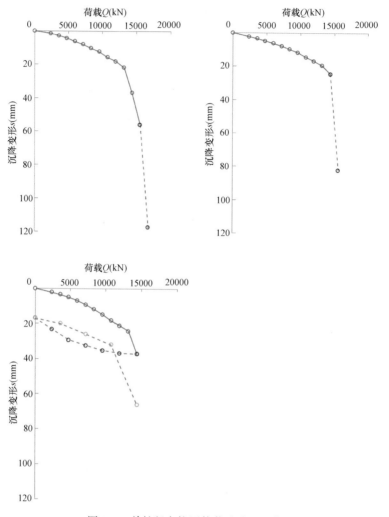

图 3.3 单桩竖向抗压静载试验 *Q-s* 曲线

3.1.4 桩基内力测试结果与分析

试桩施工按试桩 SZ1，SZ2，SZ3 的顺序依次进行，每根桩在钢筋笼制作完毕后，对称在钢筋笼上安装两根滑动测微管，两根测管平直、牢固地对称绑扎在钢筋笼内侧，并与主筋牢固绑扎，管长至桩底，管心距 600mm，测管标点间距 1000mm，测微管预连接后安装，绑扎，下钢筋笼时再逐段对接。安装过程中确保钢筋笼不扭曲，保证后期测试工作的顺利开展及测试数据的准确。三根桩的内力测试结果见图 3.4～图 3.6。

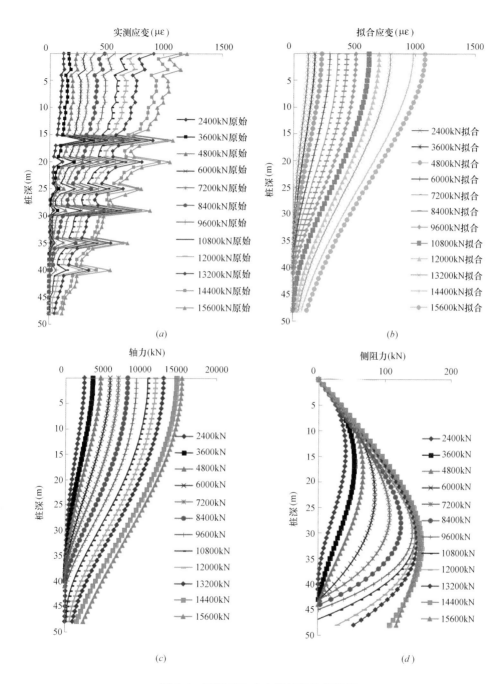

图 3.4 试桩 SZ1 内力测试及分析结果

（a）SZ1 桩实测应变；（b）SZ1 桩拟合应变；（c）SZ1 桩轴力；（d）SZ1 桩侧阻力

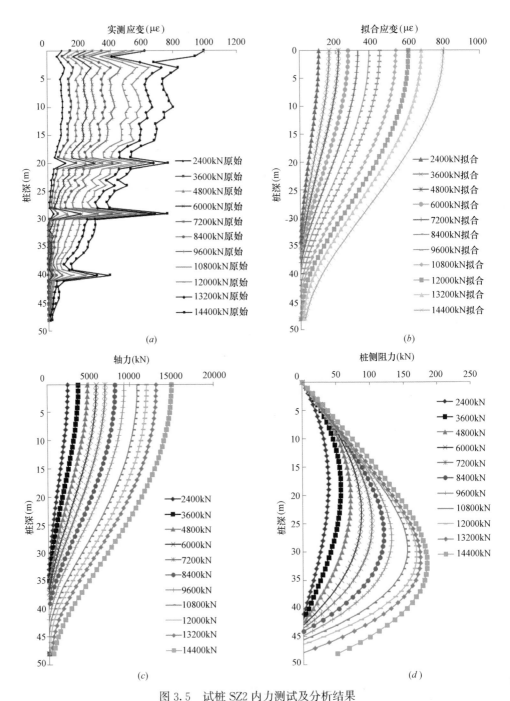

图 3.5　试桩 SZ2 内力测试及分析结果

（a）SZ2 桩实测应变；（b）SZ2 桩拟合应变；（c）SZ2 桩轴力；（d）SZ2 桩侧阻力

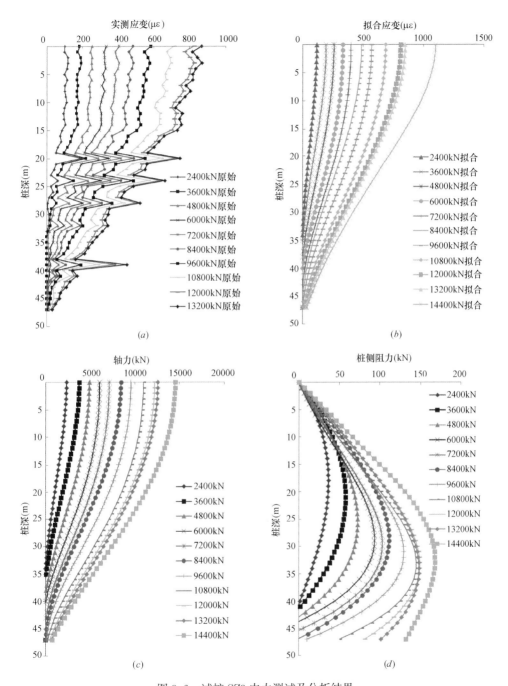

图 3.6 试桩 SZ3 内力测试及分析结果

（a）SZ3 桩实测应变；（b）SZ3 桩拟合应变；（c）SZ3 桩轴力；（d）SZ3 桩侧阻力

3.1.4.1 桩身实测应变

桩在各级荷载作用下各测段的滑动测微计测试值与相应段的初始读数之差为该段在相应荷载下的压缩量,压缩量除以测段长度即为应变值。三根试桩的实测桩身应变与桩顶荷载及桩深关系曲线分别见图 3.4（a）、3.5（a）、3.6（a）,由曲线可知:

（1）15m 以上应变曲线斜率较小,以下斜率较大,说明土层侧阻力上部较小,下部较大。

（2）桩端应变很小,表明端阻力不大,试验桩为摩擦桩。

（3）各试桩 15m 以下均有数个高应变点,产生高应变点的原因与孔径及桩身混凝土弹性模量的变化有关。

3.1.4.2 桩身轴力特征分析

三根试桩在各级荷载下的桩身轴力沿桩身的分布曲线见图 3.4（c）、3.5（c）、3.6（c）,由曲线可知:

（1）在桩顶荷载作用下,各桩桩身轴力均随桩深度的增加而递减,反映出摩擦桩的特征。

（2）桩身轴力沿桩长的衰减速率各桩略有区别:SZ1 和 SZ3 轴力衰减较慢,SZ2 桩身轴力衰减较快。换言之,SZ1 和 SZ3 轴力曲线的斜率要比 SZ2 大,其轴力传递至桩底时所需要桩顶荷载为 10800kN,比试桩 SZ2 的 13200kN 要小两个荷载级别。

（3）SZ2 在终止荷载下桩端受力很小,不足桩顶荷载的 2%。

（4）各桩桩身中部,即桩顶下 15～35m 是承受桩顶荷载的主要部位,在极限荷载下占桩身总长的 2/5 的桩身中部承受了约 60% 的桩顶荷载。

3.1.4.3 桩侧阻力发挥特征分析

1. 桩侧阻力沿桩身发挥特征

三根试桩在各级荷载下的侧阻力沿桩身的分布曲线见图 3.4（d）、3.5（d）、3.6（d）,分析桩侧阻力沿桩身随荷载变化的曲线可以认识到:

（1）在总体形态上,3 根试桩的侧阻力沿桩身的分布均为"单峰状",即在桩顶荷载作用下,侧阻力在桩身某一位置出现峰值。峰值出现的位置随着桩顶荷载的增加向桩的下部移动,移动范围各桩有所差别:SZ1 试桩峰值位置从初始荷载下的 12m 移动到终止荷载下 35m,峰值侧阻力则从 40kPa 增加到 150kPa;试桩 SZ2 峰值位置从 15m 移动到 32m,峰值侧阻力从 40kPa 增加到 165kPa;试桩 SZ3 峰值位置从 18m 移动到 37m,峰值侧阻力则从 36kPa 增加到 150kPa。总的来看,桩身中下部是侧阻力发挥的主要区域,而峰值侧阻力则随桩顶荷载的增大而增大,从 35kPa 增大到 165kPa。

（2）随着桩顶荷载的增加,各桩侧阻力沿桩身深度的发挥也存在着一定的规律性。按照各桩侧阻力曲线的发挥特征,沿桩身深度可将曲线划分为三个部分:第一部分为 0～15m,该深度段的桩身侧阻力沿深度是逐渐增大的,但随着桩顶荷载的增加，侧阻力起初的渐次增大的，当荷载增加到一定程度，浅部土层的侧阻力不再增大反而有略为减小的现象；第二部分为深度 15～35m，侧阻力处于峰值段，峰值以上侧阻力沿深度增大，而下部则沿深度减小，桩顶荷载增加则侧阻力也增加；第三部分为深度 35m 以下至桩的底端，桩身侧阻力沿桩身深度逐渐减小，但随着荷载的增加而增加。

2. 桩侧阻力随桩顶荷载的发挥特征

为了解桩身各土层侧阻力随桩顶荷载的发挥特征，利用表 3.5～表 3.7 的数据分别绘制了 3 根试桩在各土层中侧阻力随桩顶荷载的变化曲线见图 3.7，从土中可以分析出下列几点规律：

（1）桩身上部（埋深小于 15m）中粗砂与粉质黏土互层③，中粗砂层④$_1$，砾砂层④$_2$，桩的侧阻力随桩荷载的增加表现为加工软化的特征，即侧阻力曲线在一定荷载下（约为 12000～14400kN）出现峰值，之后侧阻力逐渐降低，而转化为残余侧阻力。不同试桩表现出来的上述土层的侧阻力值有一定差别，SZ3 低于 SZ1，SZ1 低于 SZ2。

（2）桩身中部（深度 20～40m）粉质黏土⑤⑥⑦⑧层及中粗砂层⑨，桩的侧阻力随桩顶荷载的增加均表现为单调递增的特征，即侧阻力随桩顶荷载的增加而不断增大，在最大桩顶荷载作用下也还没有达到明显的峰值。各桩侧阻力曲线比较接近，在相同荷载作用下各桩侧阻力值差别不大。

（3）对于桩身下部粉质黏土⑩、⑪层，各桩侧阻力并未充分发挥，尤以 SZ2 桩为甚。

（4）在小荷载（小于 7200kN）作用下桩身侧阻力的发挥主要集中在试桩的上、中部（0～35m 范围内），随着桩顶荷载的进一步增加，试桩下部的侧阻力才渐次发挥作用。

（5）由于桩身侧阻力的发挥具有峰值效应，在各级荷载作用下，不同深度各土层的侧阻力发挥程度是不同步的。当桩顶荷载达到极限时，沿桩身各土层的侧阻力并非都处于峰值，对于浅部地层，侧阻力已超过峰值而有所降低，而深部地层的侧阻力尚处于增大过程并未充分发挥。

3. 桩侧阻力的传递函数

利用滑动测微计测试的不同荷载下桩身各段的变形量，可以精确计算出不同荷载下各段桩身的压缩量，可以精确计算出不同荷载下各段桩身的压缩量，再根据静载试验的 $Q\text{-}s$ 曲线，即可准确计算出不同深度处的桩土相对位移，由此可以得到实测的桩侧阻力传递函数，即：

$$q_s(z) = F[s(z)]$$

式上　　$q_s(z)$——深度 z 处的桩身侧阻力，实际测定；

　　　　$s(z)$——深度 z 处的桩土相对位移，实际测定；

　　　　F——侧阻力传递函数。

试桩SZ1桩土相对位移及地基土侧阻力随桩顶荷载的发展过程　　表3.5

地层名称及序号	桩顶荷载(kN)	2400	3600	4800	6000	7200	8400	9600	10800	12000	13200	14400	15600
③中粗砂与粉质黏土互层	桩土相对位移(mm)	0.48	0.68	0.99	1.33	1.85	2.18	3.02	4.00	5.12	6.39	14.01	16.36
	侧阻力(kPa)	13.4	16.7	20.0	21.7	24.1	26.5	30.3	34.2	38.0	40.7	34.7	29.4
④₁中粗砂	桩土相对位移(mm)	0.21	0.39	0.52	0.72	1.09	1.60	2.00	2.41	2.63	3.25	11.98	24.12
	侧阻力(kPa)	31.0	32.8	33.5	35.5	38.0	40.8	44.3	47.1	48.8	49.6	46.3	41.1
④₂砾砂	桩土相对位移(mm)	0.47	0.76	1.16	1.95	2.47	2.98	3.64	4.16	4.87	5.78	14.99	27.33
	侧阻力(kPa)	41.4	55.2	65.6	72.0	75.0	78.0	79.3	80.0	80.6	77.5	77.1	74.5
⑤粉质黏土	桩土相对位移(mm)	0.31	0.44	0.64	0.82	1.18	1.65	1.84	2.77	2.33	3.09	11.62	23.63
	侧阻力(kPa)	38.7	54.2	69.0	78.7	83.2	85.7	88.1	90.6	90.0	90.6	93.2	89.8
⑥粉质黏土	桩土相对位移(mm)	0.21	0.59	1.02	1.70	2.54	3.51	4.08	5.07	6.01	7.09	16.64	29.14
	侧阻力(kPa)	15.4	33.4	49.1	68.9	87.9	106.9	119.2	125.2	128.0	129.4	136.6	136.7
⑦粉质黏土	桩土相对位移(mm)	0.25	0.28	0.36	0.57	0.97	1.44	1.77	2.11	2.46	3.18	11.96	24.01
	侧阻力(kPa)		10.8	24.9	44.5	66.3	90.3	108.6	117.6	128.0	134.1	144.9	147.7
⑧粉质黏土	桩土相对位移(mm)				0.36	0.66	0.92	1.30	1.71	1.89	2.25	10.88	22.91
	侧阻力(kPa)				21.2	37.7	58.2	79.2	102.7	113.7	121.5	135.8	140.6
⑨粉质黏土	桩土相对位移(mm)				0.29	0.42	0.67	0.91	1.10	1.34	1.83	9.81	20.98
	侧阻力(kPa)				10.8	23.0	45.7	64.0	79.4	96.1	111.8	127.8	133.5
⑩粉质黏土	桩土相对位移(mm)								1.05	1.37	1.89	10.04	21.32
	侧阻力(kPa)								41.0	60.0	74.0	95.4	103.0
⑪粉质黏土	桩土相对位移(mm)								0.75	1.04	1.48	9.47	20.61
	侧阻力(kPa)								14.9	35.0	52.8	76.8	85.2

试桩 *SZ2* 桩土相对位移及地基土侧阻力随桩顶荷载的发展过程

表 3.6

地层名称及序号	桩顶荷载（kN）	2400	3600	4800	6000	7200	8400	9600	10800	12000	13200	14400
③中粗砂与粉质黏土互层	桩土相对位移（mm）	0.92	1.18	1.31	1.31	1.64	1.87	2.49	3.02	3.68	5.16	8.21
	侧阻力（kPa）	14.0	17.1	19.7	22.1	24.5	27.8	31.4	34.4	36.5	39.3	35.9
④₁中粗砂	桩土相对位移（mm）	0.43	0.68	0.73	0.86	1.00	1.38	1.75	2.07	2.66	3.24	4.54
	侧阻力（kPa）	27.3	39.7	42.5	45.2	47.5	51.7	55.3	57.3	59.8	61.5	58.8
④₂砾砂	桩土相对位移（mm）	0.80	1.24	1.49	1.82	2.23	2.62	2.98	3.58	4.55	5.72	7.43
	侧阻力（kPa）	39.9	58.4	68.6	77.8	84.2	90.8	84.6	98.2	103.7	105.8	104.0
⑤粉质黏土	桩土相对位移（mm）	0.35	0.57	0.80	0.70	0.90	1.02	1.13	1.35	1.89	2.90	4.60
	侧阻力（kPa）	40.0	58.8	71.8	83.3	91.7	100.6	106.1	112.1	116.4	120.7	122.5
⑥粉质黏土	桩土相对位移（mm）	0.47	0.77	1.07	1.52	2.07	2.57	3.06	3.79	5.24	6.17	7.96
	侧阻力（kPa）	23.0	36.5	54.0	70.2	85.4	103.2	116.6	131.1	141.7	147.6	162.0
⑦粉质黏土	桩土相对位移（mm）			0.12	0.11	0.19	0.40	0.65	1.14	1.91	2.66	3.98
	侧阻力（kPa）			29.5	43.2	62.4	78.6	94.5	121.5	138.2	145.9	152.4
⑧粉质黏土	桩土相对位移（mm）					0.10	0.19	0.50	0.77	1.55	2.13	3.38
	侧阻力（kPa）					31.2	49.3	66.3	79.4	104.6	114.9	135.9
⑨粉质黏土	桩土相对位移（mm）					0.15	0.24	0.31	0.48	0.89	1.44	2.44
	侧阻力（kPa）					18.7	34.9	46.8	61.9	82.0	97.0	122.7
⑩粉质黏土	桩土相对位移（mm）									1.07	1.49	2.56
	侧阻力（kPa）									28.0	49.6	77.1
⑪粉质黏土	桩土相对位移（mm）										1.35	2.32
	侧阻力（kPa）										25.7	53.4

试桩SZ3桩土相对位移及地基土侧阻力随桩顶荷载的发展过程　　表3.7

地层名称及序号	桩顶荷载(kN)	2400	3600	4800	6000	7200	8400	9600	10800	12000	13200	14400
③中粗砂与粉质黏土互层	桩土相对位移(mm)	0.59	0.75	1.02	1.39	1.68	2.05	2.48	3.15	3.82	5.52	12.91
	侧阻力(kPa)	4.6	5.5	6.6	7.6	9.6	10.8	12.5	15.1	17.3	19.5	16.8
④$_1$中粗砂	桩土相对位移(mm)	0.56	0.70	0.99	1.36	1.62	1.98	2.40	2.91	3.65	4.44	12.53
	侧阻力(kPa)	26.5	27.3	28.8	29.5	30.5	32.0	34.3	37.3	38.8	36.8	33.0
④$_2$砾砂	桩土相对位移(mm)	0.59	0.77	1.06	1.45	1.73	2.11	2.54	3.05	3.78	4.58	12.57
	侧阻力(kPa)	35.4	48.7	56.8	59.0	60.9	62.1	63.4	64.7	63.9	63.0	62.9
⑤粉质黏土	桩土相对位移(mm)	0.44	0.55	0.85	1.17	1.40	1.74	2.15	2.61	3.24	4.03	11.79
	侧阻力(kPa)	35.4	52.6	66.2	74.5	78.9	81.0	85.0	87.0	89.5	90.7	89.0
⑥粉质黏土	桩土相对位移(mm)	0.34	0.64	0.99	1.48	1.90	2.36	2.90	3.54	4.35	5.20	13.13
	侧阻力(kPa)	26.4	46.1	65.6	83.4	97.3	108.0	116.2	119.4	123.5	125.3	131.4
⑦粉质黏土	桩土相对位移(mm)	0.11	0.19	0.28	0.45	0.79	1.12	1.54	2.04	2.75	3.59	9.00
	侧阻力(kPa)	14.27	31.0	49.8	70.6	89.8	107.6	122.9	130.2	135.2	139.9	148.4
⑧粉质黏土	桩土相对位移(mm)			0.09	0.16	0.26	0.42	0.68	0.99	1.59	2.36	9.00
	侧阻力(kPa)		20.53	33.9	50.5	69.2	92.2	111.8	122.9	130.0	135.8
⑨粉质黏土	桩土相对位移(mm)					0.08	0.10	0.23	0.42	0.60	1.12	7.96
	侧阻力(kPa)					32.2	49.4	74.6	93.7	108.6	119.4	125.0
⑩粉质黏土	桩土相对位移(mm)							0.23	0.34	0.58	1.07	7.00
	侧阻力(kPa)							39.4	74.6	90.0	102.5	101.7
⑪粉质黏土	桩土相对位移(mm)								0.25	0.36	1.08	7.00
	侧阻力(kPa)								40.6	60.8	76.3	80.7

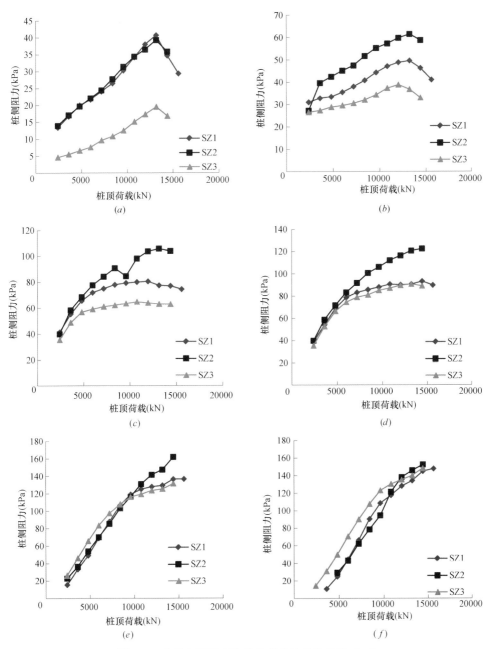

图 3.7 地基土侧阻力随桩顶荷载的变化曲线（一）

（a）中粗砂与粉质黏土互层③；（b）中粗砂④₁；（c）砾砂④₂；（d）粉质黏土⑤；

（e）粉质黏土⑥；（f）粉质黏土⑦

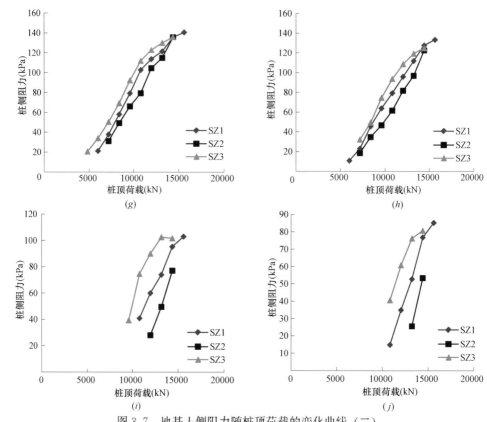

图 3.7　地基土侧阻力随桩顶荷载的变化曲线（二）

（g）粉质黏土⑧；（h）中粗砂⑨；（i）粉质黏土⑩；（j）粉质黏土⑪

根据试验资料，可以得到桩周所有土层的侧阻力随桩土相对位移的传递曲线见图 3.8，可以看出：

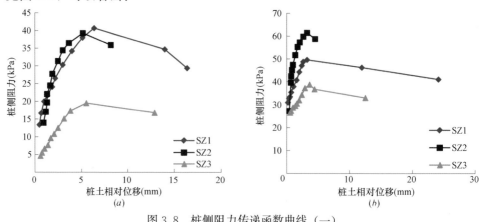

图 3.8　桩侧阻力传递函数曲线（一）

（a）中粗砂与粉质黏土互层③；（b）中粗砂④$_1$

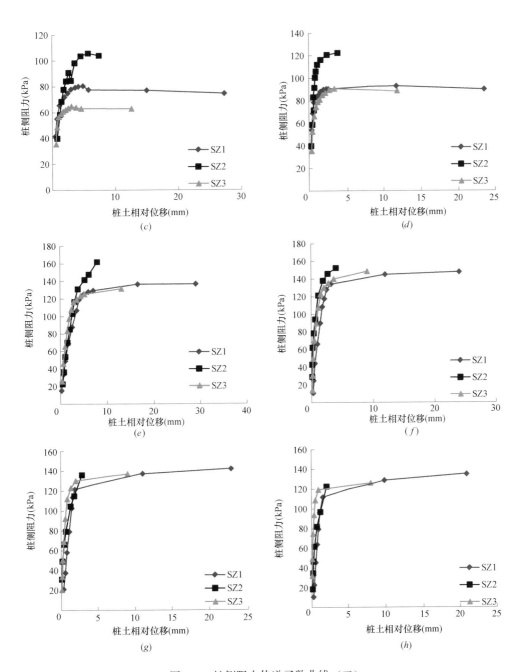

图 3.8 桩侧阻力传递函数曲线（二）

（c）砾砂④$_2$；（d）粉质黏土⑤；（e）粉质黏土⑥；（f）粉质黏土⑦；（g）粉质黏土⑧；（h）中粗砂⑨

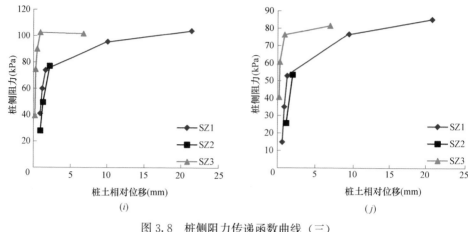

图 3.8 桩侧阻力传递函数曲线（三）
（*i*）粉质黏土⑩；（*j*）粉质黏土⑪

① 试桩上部的③、④₁、④₂ 土层侧阻力与桩土相对位移的关系曲线表现为加工软化型，峰值点的桩土相对位移为 3～6mm，当桩土相对位移小于此值时，侧阻力随桩土相对位移的增大而增大，达到峰值点后则减小，成为残余侧阻力。

各试桩传递函数曲线峰值侧阻力随地层不同而具有不同的范围值：中粗砂与粉质黏土互层③ 为 20～40kPa，中粗砂层④₁ 为 38～62kPa，砾砂层④₂ 为 65～105kPa。

② 对于试桩中部的⑤、⑥、⑦土层，侧阻力与桩土相对位移关系曲线近似表现为理想塑性型，即曲线初始段较陡，当桩土相对位移达 3～5mm，曲线近于水平，侧阻力不随相对位移的增加而增加。SZ1、SZ3 试桩情况相似，水平段的侧阻力分别为 90～140kPa，而 SZ2 试桩由于桩土相对位移偏小，水平曲线尚未出现。

③ 试桩下部各土层侧阻力与桩土相对位移的关系曲线变现为单调递增型，曲线初始段较陡，侧阻力随桩土相对位移增加的速率较快，当桩土相对位移达到 2～4mm 后，曲线出现转折，侧阻力增加速率变缓，随着桩土相对位移的继续增大，则阻力增长缓慢，无峰值出现。SZ2 试桩由于桩土相对位移偏小，曲线尚未出现转折，而 SZ1、SZ3 试桩传递函数曲线转折点对应的侧阻力值，对⑧、⑨层土两桩较接近，约为 120kPa，对⑩层土两桩有一定差异，为 53～120kPa。

3.1.4.4 桩端阻力发挥特征分析

1. 桩端阻力随桩顶荷载的发挥特征

根据滑动测微计测试结果计算的桩身轴力，可以得到桩端阻力随桩顶荷载的变化过程，图 3.9 的曲线反映了这一过程，从图中可以得到：

（1）各桩桩端土开始承受荷载作用所需桩顶起始荷载较大，SZ1 桩为

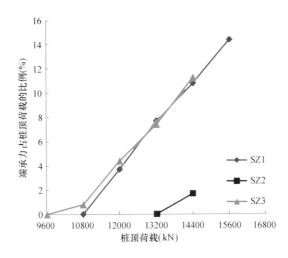

图 3.9　不同桩顶荷载作用下端承力占百分比曲线

12000kN、SZ2 桩为 14400kN、SZ3 桩为 10800kN，在这之前的桩顶荷载均由桩侧阻力承担。

（2）在桩顶荷载超过起始荷载以后，桩端阻力占桩顶荷载的比例随着桩顶荷载的增加有所增大，但总体幅度有限，表 3.8 列出了 3 根试桩在桩顶荷载作用下的端承力及其占桩顶荷载的百分比。可以看出，在极限荷载下，试桩端承力仅占桩顶荷载的 1.7%～7.7%，只有到临近破坏状态时，桩端阻力所占比例才超过 10%，最大达到 14.4%（SZ1）。3 根桩都表现为明显的摩擦桩特性。

桩端阻力占桩顶荷载的比例 表 3.8

桩顶荷载 （kN）	SZ1		SZ2		SZ3	
	端承力 （kN）	占桩顶 荷载比例	端承力 （kN）	占桩顶 荷载比例	端承力 （kN）	占桩顶 荷载比例
10800	0	0			86	0.8%
12000	449	3.7%			513	4.35%
13200	1018	7.7%	0	0	974	7.4%
14400	1556	10.8%	249	1.7%	1632	11.3%
15600	2246	14.4%				

2. 桩端阻力的传递函数

根据滑动测微计实测的桩身应变，可以精确计算各级荷载下桩身全长压缩量，将桩身全长压缩量从各级荷载下桩顶沉降中减去，即可得到相应的桩底下沉量，将各级荷载下的桩端阻力与桩底沉降建立关系，则可得到桩端阻力传递函数曲线，见图 3.10。

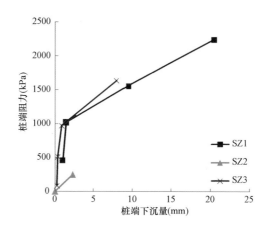

图 3.10　端阻力传递函数曲线

从三根试桩的端阻力荷载传递函数曲线可以看出：

（1）桩端阻力随桩端下沉量的增加表现为加工硬化特性，即桩端阻力随着桩端下沉量的增加而不断增加，在试桩最大桩顶荷载作用下尚无峰值出现。

（2）SZ1、SZ3 两根试桩的传递函数曲线初始阶段较陡，端阻力增加较快，当桩端下沉量达到 2mm 左右时，曲线出现转折，此时对应的端阻力为 1500～2000kPa，之后，端阻力曲线增长趋缓。

3.1.4.5　单桩竖向极限荷载承载力下桩的侧阻力与端阻力

根据以上分析可知，在不同荷载等级作用下桩侧阻力与端阻力的发挥程度是不相同的，在单桩竖向极限承载力下，桩周各层土的侧阻力与端阻力并不一定全部都达到最大的发挥程度。根据对三根试桩的静载试验及滑动测微计进行的桩身应变的测试结果，获得在单桩竖向极限承载力下桩的侧阻力和端阻力如表 3.9 所示。

地层名称及序号	侧阻力 q_{sik}(kPa)	端阻力 q_{pk}(kPa)
中粗砂与粉质黏土互层③	32	—
中粗砂④$_1$	48	—
砾砂④$_2$	81	—
粉质黏土⑤	101	—
粉质黏土⑥	139	—

极限承载力下各层土的侧阻力　　　　　　　　　　　　　　表 3.9

地层名称及序号	侧阻力 q_{sik}(kPa)	端阻力 q_{pk}(kPa)
粉质黏土⑦	142	—
粉质黏土⑧	129	—
中粗砂⑨	118	—
粉质黏土⑩	84	—
粉质黏土⑪	60	1335

3.2 钻孔灌注桩负摩阻力测试

3.2.1 工程概况及场地岩土工程条件

工程试验场地位于陕西潼关（现场照片见图 3.11），地貌单元属于渭河三级阶地，试验场地开挖了深度穿透湿陷性土层的探井两个，78m 钻孔 1 个，探井及钻孔位置见试坑平面布置图（图 3.14）。试验场地原始地面标高在 416m 左右，场地地基土 33m 以上主要为 Q₃ 砂质黄土（粉土），33～36m 为 Q₃ 黏质黄土（古土壤，粉质黏土），36～65m 为 Q₂ 砂质黄土（粉土），地下水位约在地面下 73m（标高 342m 左右），钻孔柱状图见图 3.12，场地土样物理力学性质见表 3.10。

图 3.11 试验场地照片

根据探井内采取土样进行的黄土湿陷及黄土自重湿陷试验结果（试验场地自重湿陷系数），按《湿陷性黄土地区建筑标准》GB 50025—2004 计算出的各探井的自重湿陷量计算值、总湿陷量计算值及据此评定的场地湿陷类型和地基湿陷等级见表 3.11，根据表 3.11 综合判定，试验场地湿陷类型属自重湿陷性黄土场地，地基土湿陷等级Ⅳ级。

层号	土名	层底深度 (m)	层底标高 (m)	柱状剖面 桩顶标高	岩芯描述	物理力学性质指标
①	黄土 (粉土) Q_3^{eol}	8.0	407.82	415.32m	褐黄色，土质均匀，针状孔隙发育。顶部0.4m为耕土	$w=10.6\%$, $e=1.05$ $\rho=1.46g/cm^3$ $S_r=27\%$, $I_p=9.7$ $\delta_s=0.053$, $\delta_{zs}=0.036$ $a_{1-2}=0.55$, $I_L<0$
②	黄土 (粉土) Q_3^{eol}	23.5	392.32		褐黄色，土质均匀，针状孔隙发育，偶见蜗牛壳	$w=10.8\%$, $e=0.98$ $\rho=1.51g/cm^3$ $S_r=30\%$, $I_p=9.8$ $\delta_s=0.028$, $\delta_{zs}=0.027$ $a_{1-2}=0.22$, $I_L<0$
③	黄土 (粉土) Q_3^{eol}	33.2	382.62		褐黄色，土质均匀，针状孔隙发育，偶见蜗牛壳	$w=14.2\%$, $e=0.88$ $\rho=1.64g/cm^3$ $S_r=44\%$, $I_p=9.9$ $\delta_s=0.015$, $\delta_{zs}=0.014$ $a_{1-2}=0.12$, $I_L<0$
④	古土壤 (粉质黏土) Q_3^{el}	36.2	379.62		红褐色，块状结构，含较多钙质条纹，少量钙质结核	$w=15.4\%$, $e=0.76$ $\rho=1.78g/cm^3$ $S_r=56\%$, $I_p=10.3$ $\delta_s=0.006$, $\delta_{zs}=0.008$ $a_{1-2}=0.10$, $I_L<0$
⑤	黄土 (粉土) Q_2^{eol}	46.5	369.32		褐黄色，土质均匀，偶见钙质结核	$w=11.3\%$, $e=0.81$ $\rho=1.66g/cm^3$ $S_r=38\%$, $I_p=9.8$ $\delta_s=0.004$, $\delta_{zs}=0.006$ $a_{1-2}=0.10$, $I_L<0$
⑥	黄土 (粉土) Q_2^{eol}	62.3	353.52		褐黄色，土质均匀，偶见钙质结核。底部57.0～57.3m，59.8～60.0m夹薄层粉细砂	$w=9.9\%$, $e=0.838$ $\rho=1.62g/cm^3$ $S_r=32\%$, $I_p=9.7$ $a_{1-2}=0.14$, $I_L<0$
⑦	黄土 (粉质黏土) Q_2^{eol}				黄褐色，硬塑，土质均匀，层顶局部含角砾	$w=19.7\%$, $e=0.636$ $\rho=1.98g/cm^3$ $S_r=84\%$, $I_p=10.2$ $a_{1-2}=0.12$, $I_L=0.28$

图 3.12 试验场地地层结构综合柱状图

表 3.10

试验场地常规物理力学性能指标统计表

深度范围及土名	值别	含水率 w (%)	天然密度 ρ (g/cm³)	干密度 ρ_d (g/cm³)	孔隙比 e_0	饱和度 S_r (%)	液限 w_L (%)	塑限 w_P (%)	塑性指数 I_P	液性指数 I_L	自重湿陷系数 δ_{zs}	不同压力(kPa)下的湿陷系数 δ_s $p=200$	$p=300$	$p=400$	压缩系数 a_{1-2} (MPa⁻¹)	不同压力段的压缩模量 E_s (MPa) $0.1\sim0.2$ MPa	$0.2\sim0.3$ MPa	$0.3\sim0.4$ MPa
0.0～32.7m 砂质黄土	最大值	15.8	1.69	1.49	1.164	50	27.1	16.9	10.2	<0	0.047	0.110	0.052	0.034	0.91	30.35	37.02	37.00
	最小值	4.4	1.34	1.25	0.820	11	25.5	16.1	9.4	<0	0.002	0.017	0.019	0.003	0.06	2.32	3.39	8.81
	平均值	11.7	1.54	1.38	0.965	33	26.2	16.4	9.8	<0	0.022	0.049	0.032	0.019	0.27	11.28	15.50	19.26
	标准差	2.191	0.084	0.060	0.084	7.96	0.362	0.178	0.188		0.010	0.026	0.011	0.010	0.206	6.564	8.483	7.671
	变异系数	0.187	0.055	0.044	0.087	0.24	0.014	0.011	0.019		0.473	0.527	0.346	0.548	0.754	0.582	0.547	0.398
	统计频数	66	66	66	66	66	66	66	66	66	66	22	16	20	66	66	44	28
32.7～35.7m 黏质黄土(古土壤)	最大值	18.9	1.85	1.60	0.826	68	27.6	17.1	10.5	0.17	0.012				0.24	21.89	29.18	29.18
	最小值	10.2	1.67	1.48	0.689	35	26.8	16.7	10.1	<0	0.003				0.008	7.61	7.61	7.30
	平均值	15.4	1.78	1.55	0.755	56	27.2	16.9	10.3	<0	0.006				0.12	16.65	21.68	21.60
	标准差	2.872	0.076	0.048	0.056	11.274	0.295	0.147	0.151		0.004				0.060	5.042	7.544	7.544
	变异系数	0.187	0.043	0.031	0.075	0.203	0.011	0.009	0.015		0.605				0.503	0.303	0.348	0.349
	统计频数	6	6	6	6	6	6	6	6	6	6				6	6	6	6
35.7～60.0m 砂质黄土	最大值	16.1	1.79	1.56	1.012	58	27.3	17.0	10.3	<0	0.015				0.28	25.01	30.83	43.78
	最小值	8.1	1.46	1.34	0.736	23	25.6	16.1	9.5	<0	0.001				0.07	7.19	8.75	5.75
	平均值	10.9	1.65	1.49	0.820	36	26.2	16.4	9.8	<0	0.006				0.11	16.86	21.21	24.43
	标准差	1.922	0.066	0.043	0.054	7.912	0.416	0.219	0.200		0.004				0.037	3.268	5.374	8.025
	变异系数	0.176	0.040	0.029	0.066	0.218	0.016	0.013	0.020		0.671				0.325	0.194	0.253	0.328
	统计频数	27	27	27	27	27	27	27	27	27	18				27	27	27	27

试验场地湿陷类型和地基湿陷等级评定表　　表 3.11

探井编号	自重湿陷量计算值 Δ_{zs}(mm)	湿陷类型	总湿陷量计算值 Δ_s(mm)	湿陷土层计算深度(m)	湿陷等级
T01	647.6	自重	969.5	1.5～38.5	IV
T02	577.2	自重	1013.3	5.5～32.2	IV

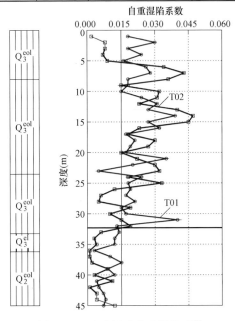

图 3.13　试验场地自重湿陷系数

3.2.2　试验设计及试验方法

3.2.2.1　试坑、试桩及锚桩设计

试验场地进行桩基浸水试验的浸水试坑中同时还需进行黄土现场试坑浸水试验，为减小试坑中心湿陷量的测试并便于桩基静载荷试验设备的安装，将试坑布置为椭圆形。试坑的长轴48m，短轴42m，试、锚桩所围成的矩形区域（以下称"试桩区域"）长边垂直于试坑长轴，距试坑中心的距离为8.6m。试验场地的试坑布置图见图3.14。

试桩位于其周围四根锚桩所围成矩形的中心，如图3.15所示。所有试桩的加载均采用锚桩提供反力，锚桩均采用灌注桩，混凝土强度等级均为C25，并添加早强减水剂。试桩和锚桩设计桩顶设计标高高于浸水试坑底面约0.8m，桩顶标高为415.32m。各试桩的设计参数见表3.12，锚桩设计参数见表3.13。

试、锚桩采用旋挖成孔工艺，由于地下水埋藏较深，采用干作业旋挖钻孔工艺。为评价各桩成桩质量，试验过程中对所有试桩均在成孔以后进行了成孔质量检测，成桩以后采用了低应变反射波法和声波透射法对成桩质量进行了检测。试桩成孔质量主要检测结果及根据测孔资料计算的实际有效桩长见表 3.14。

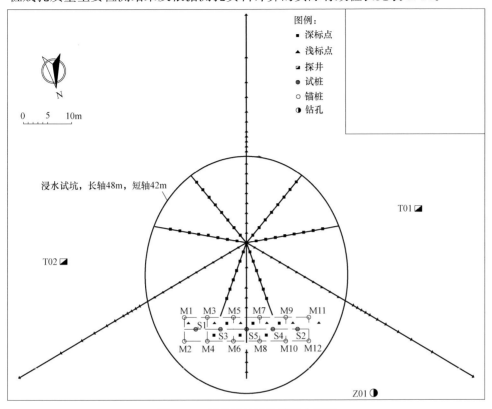

图 3.14　试验场地试坑平面布置图

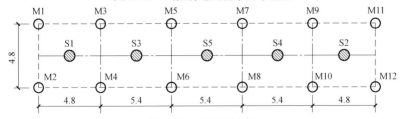

图 3.15　试锚桩布置

试桩主要设计参数　　　　　　　　　　　　　　　　表 3.12

桩号	有效桩长 (m)	桩径 (mm)	混凝土强 度等级	钢筋笼 主筋	试验 工况	浸水荷载 (kN)	试验龄期 (d)
S1	60	800	C45	16 Φ 22	天然	—	33
S2	50	800	C45	16 Φ 22	天然	—	38
S3	60	800	C35	16 Φ 22	后湿	3000	61
S4	50	800	C35	16 Φ 22	后湿	2000	56
S5	60	800	C35	16 Φ 22	预湿	0	60

注：1. 各桩均通长配筋，混凝土均添加早强减水剂，桩顶设计标高以上浇筑试验承台。
　　2. 由于桩身应力测试采用滑动测微计进行，每根桩均对称布置了两根滑动测微管。

锚桩主要设计参数 表 3.13

锚桩数量(根)	设计桩径(mm)	有效桩长(m)	主筋	混凝土强度	横向间距(m)	纵向间距(m)	试锚桩中心距(m)
12	800	60	22 Φ 28	C25	4.8、5.4	4.8	3.4、3.6

注：横向间距指平行于试桩连线方向的锚桩间距，纵向间距指垂直于试桩连线方向的锚桩间距。

试桩成孔质量检测主要结果 表 3.14

桩号	设计桩径(mm)	实测孔径(mm)		垂直度(%)	有效桩长(m)
		范围	平均		
S1	800	804～979	846	0.80	60.0
S2	800	817～878	845	0.80	50.4
S3	800	804～887	846	0.70	60.1
S4	800	848～901	873	0.70	50.9
S5	800	794～854	820	0.60	60.1

场地地基土地层利于采用干作业旋挖成孔工艺，成孔质量较高，孔底清渣干净，测孔曲线规则，桩径较均匀，没有发生明显扩径或缩径现象；桩成孔质量尤其是孔径的变化在一定程度上会影响静载试验曲线形态和内力沿桩深度的变化。从成桩后进行的低应变反射波法和声波透射法检测结果来看，5 根试桩桩身完整，混凝土质量良好。

3.2.2.2 试验内容与流程

1. 试验内容

根据研究内容桩基浸水载荷试验主要包括下列几方面的工作：

（1）"天然"工况的单桩竖向抗压静载试验

在浸水之前，桩周土在天然状态下进行单桩竖向抗压静载试验，测试各级荷载下的桩顶沉降和桩身应变，分析计算天然状态下单桩的侧阻力、端阻力、单桩竖向抗压极限承载力值等设计参数。

（2）"后湿"工况的单桩竖向抗压静载试验

在浸水之前，桩周土呈天然状态时先将试验单桩分级加压至设计工作荷载，测试各级荷载下的桩顶沉降及桩身应变；待试验单桩在设计工作荷载作用下变形稳定后，向试坑内浸水，维持桩顶在设计工作荷载作用下，测试浸水过程中及停水后不同时间的桩顶沉降、桩身应变；待试坑底面下的全部湿陷性土层达到饱和，桩顶下沉稳定，地面沉降达到停止浸水及停止标点沉降观测标准后，将试验单桩继续加压至极限荷载，测试加压过程中各级荷载下的桩顶沉降及桩身应变。分析计算各级压力下及试验过程中的桩顶沉降、侧阻力、端阻力、负摩阻力、下拉荷载、中性点的深度及其变化规律，并求得桩周土呈后湿饱和状态下的单桩极限承载力标准值。

（3）"预湿"工况的单桩竖向抗压静载试验

在邻桩"后湿"工况单桩竖向抗压静载试验完成之前，试桩桩顶不加荷载，测试浸水过程中及停止浸水后由浸水引起的桩顶沉降及桩身应变；待邻桩"后湿"工况单桩竖向静载荷试验完成后，保持桩周土呈饱和状态对试验单桩分级加压至极限荷载。试验分析前期桩顶不加荷载条件下由于浸水预湿和后期桩顶加载引起的桩顶沉降、桩侧阻力、桩端阻力、下拉荷载、负摩阻力、中性点的深度及其变化规律，并求得桩周土呈预湿饱和状态下的单桩极限承载力值。

（4）试验其他辅助工作

对试坑内外的深浅标点进行沉降测量。

2. 试验流程

现场试验项目繁多，为合理安排各项试验工作，保证试验的顺利进行，试验之前设计了试验流程，在试验过程中又根据实际情况做了必要的调整，使得试验各项目有序进行，最终达到了预期目的。在桩身混凝土试块强度达到试桩要求，且从成桩后的间歇时间超过 15d 以后开始进行单桩竖向抗压静载试验，具体顺序如图 3.16 所示，试验过程中，桩身应力测试贯穿始终。

为方便叙述，根据桩周土所处状态及试验项目的不同，将各工点现场试验过程分为三个阶段（时期）："浸水前""浸水期"和"浸水后"。

"浸水前"阶段：指开始进行天然状态下的试验至试坑开始浸水这段时期；

"浸水期"阶段：指试坑开始浸水至"后湿"工况单桩在桩周土呈饱和状态，在维持设计工作荷载基础上持续浸水，直到开始继续加压的这段时期；

"浸水后"阶段：指"浸水期"阶段结束至试验外业结束这段时期。

3. 停止浸水条件

本次试验的重点在于研究大面积浸水条件下桩基侧阻力的变化规律、桩基变形和承载能力，同时也要测定试坑内土体在浸水条件下的湿陷变形特性，本试验停水条件应参照《湿陷性黄土地区建筑规范》GB 50025—2004 "附录 H 单桩竖向承载力静载荷浸水试验要点"和"现场试坑浸水试验"的停水要求和沉降稳定标准的规定进行，停止浸水条件如下：

（1）浸水过程中试坑内的水头高度保持不小于 30cm，连续浸水时间不少于 10d，桩周湿陷性土层饱和，且土体湿陷沉降达到稳定（土体湿陷沉降稳定标准为最后 5d 的坑内浅标点平均沉降量小于 1mm/d），浸水期间桩的负摩阻力、中性点深度及桩顶附加沉降达到相对稳定后停止注水；

（2）试坑内停止注水后，应继续观测不少于 10 天，当出现连续 5 天的平均下沉量不大于 1mm/d 时，终止地基土沉降观测标准。

（3）试坑内停止浸水后，继续观测 10 天以上，且自重湿陷变形趋于稳定，

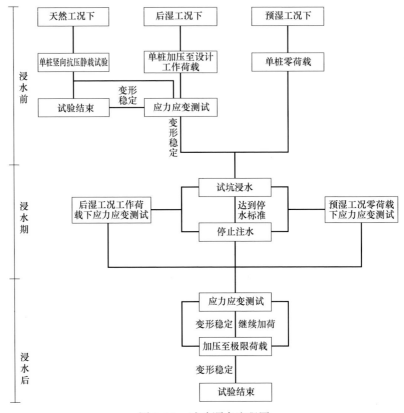

图 3.16　试验顺序流程图

桩的负摩阻力、中性点深度及桩顶变形达到相对稳定，在试桩周围小范围内继续浸水，使得桩周土保持饱和状态，再进行桩在饱和状态下的静载荷试验。

3.2.2.3　试验仪器与材料

单桩竖向抗压静载试验设备主要由锚拉系统、加载系统和观测系统三部分组成：

（1）锚拉系统由反力梁连接四根锚桩组成，加载系统由 4 台液压千斤顶并联组成，电动油泵加载；

（2）观测系统设有两套系统：①由基准梁和 4 个百分表组成；②由精密水准仪、设置在桩身上的标尺以及水准观测的基准网组成。"浸水前"阶段加载过程中桩顶沉降测量主要由系统①完成，"浸水期"阶段系统①由于受浸水影响，放置基准梁的基准桩可能发生位移，且长时间采用百分表观测容易受外界因素（如温度、天气）影响而产生较大误差，所以在该阶段以系统②沉降观测结果为准；"浸水后"阶段加压过程中由于历时较短，地基土的沉降相对较小，采用百分表观测桩顶沉降其结果基本可靠，在本阶段采用系统①和系统②共同观测桩顶沉降，并以系统①沉降观测结果为准。

（3）采用精密水准仪观测桩顶沉降。

单桩竖向抗压静载试验采用慢速维持荷载法，主要参照《建筑基桩检测技术规范》JGJ 106 及《铁路桥涵施工规范》TB 10203 的有关要求进行。

3.2.3 天然工况桩基内力测试结果与分析

3.2.3.1 天然工况静载试验结果及桩基内力测试结果

1. 天然工况静载试验曲线及单桩竖向极限承载力

两根桩进行了天然工况的单桩竖向抗压静载试验，试验曲线及沉降数据见图 3.17。按《建筑基桩检测技术规范》JGJ 106 及《铁路桥涵施工规范》TB 10203 有关极限承载力取值的规定，各桩的极限承载力见表 3.15。

<table>
<tr><td colspan="5" style="text-align:center">天然工况单桩竖向抗压极限承载力取值表　　　表 3.15</td></tr>
<tr><td>桩号</td><td>桩周土状态</td><td>平均桩径
（mm）</td><td>有效桩长
（m）</td><td>极限承载力
（kN）</td></tr>
<tr><td>S1</td><td rowspan="2">天然含水率</td><td>846</td><td>60.05</td><td>15600</td></tr>
<tr><td>S2</td><td>845</td><td>50.35</td><td>14400</td></tr>
</table>

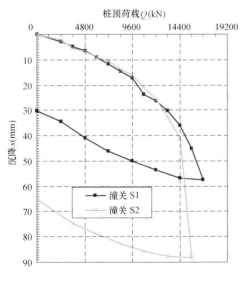

	S1		S2	
	桩顶荷载 （kN）	沉降 （mm）	桩顶荷载 （kN）	沉降 （mm）
	0	0.000	0	0.000
	2400	3.013	2400	2.265
	3600	4.900	3600	5.395
	4800	6.490	4800	6.810
	6000	9.113	6000	9.143
	7200	11.565	7200	10.430
	8400	14.553	8400	13.865
	9600	17.238	9600	16.213
	10800	23.830	10800	21.088
	12000	26.203	12000	25.785
	13200	30.151	13200	32.785
	14400	36.091	14400	41.348
	15600	45.216	15600	88.445*
	16800	57.581*		

图 3.17　天然工况静载试验曲线及试验数据表

注："*"表示在该级压力下经 24.5h 试验仍未稳定的沉降。

由于潼关试验工点成孔采用干作业旋挖钻孔工艺，其成孔质量较高，孔径较均匀，沉渣厚度小，成桩质量较稳定，且桩周地层结构简单（桩长深度范围内均为黄土），桩端持力层相同（均为 Q_2 黄土），因此其承载力及试验过程中的沉降曲线均体现出较强的规律性，天然工况单桩静载曲线特征为：

小压力下 S1（桩长 60m）和 S2（桩长 50m）的 Q-s 曲线基本重合，到加载后期随着桩顶荷载的增大，S2 的沉降逐渐较 S1 大，并先于 S1 桩破坏。这和桩顶荷载的传递特征是相吻合的，即在小压力下只是由桩体上部地基土承担桩顶荷载，桩顶沉降主要是上部桩体的压缩变形，所以两根桩的沉降相当；随着桩顶荷载的增加，桩顶荷载逐渐向下部地基土转移，由于两桩桩长的不同，同深度处桩侧阻力的发挥程度并不完全相同，此时两桩同压力下的沉降产生少许差异；当桩顶荷载传至桩底并产生较大桩端阻力时，桩端产生较大沉降，由于 S2 桩长较 S1 小，所以其达到该阶段时的桩顶荷载较 S1 小，桩顶沉降明显大于 S1 桩并早于 S1 桩破坏。

2. 桩身内力测试结果

将滑动测微计测得的桩身应变经过修正、拟合之后计算桩身轴力及桩侧阻力分布见图 3.18 和图 3.19。

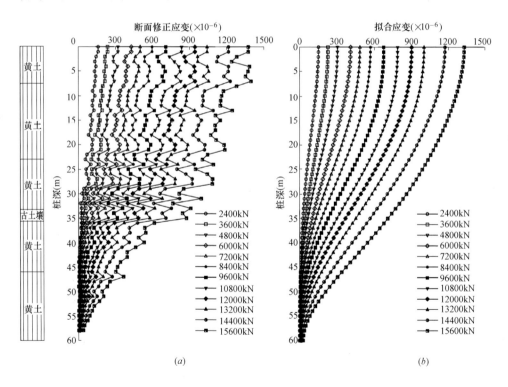

(a)

(b)

图 3.18　潼关 S1 桩内力测试结果（一）

（a）潼关 S1 桩断面修正应变；（b）潼关 S1 桩拟合应变

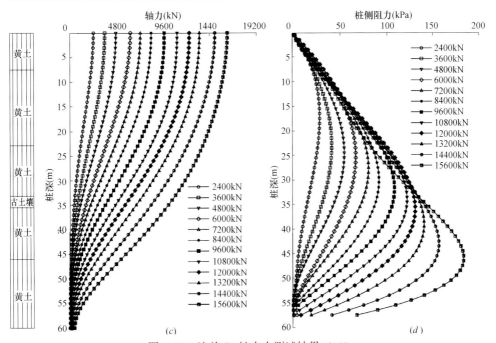

图 3.18 潼关 S1 桩内力测试结果（二）

（c）潼关 S1 桩轴力；（d）潼关 S1 桩侧阻力

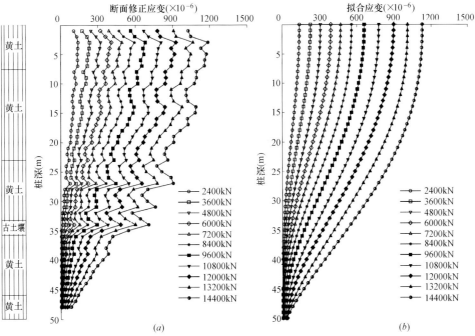

图 3.19 潼关 S2 桩内力测试结果（一）

（a）潼关 S2 桩断面修正应变；（b）潼关 S2 桩拟合应变

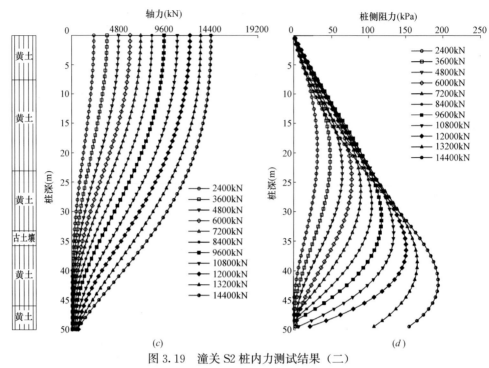

（*c*）（*d*）

图 3.19　潼关 S2 桩内力测试结果（二）

（*c*）潼关 S2 桩轴力；（*d*）潼关 S2 桩侧阻力

3.2.3.2　天然工况桩基荷载传递特征理论分析

在桩身任意深度处取一微分桩段（图 3.20），由平衡条件可得：

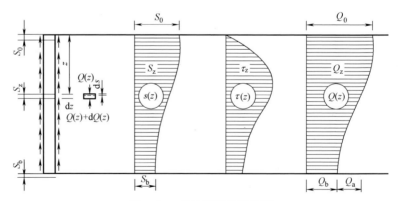

图 3.20　单桩荷载传递分析

$$\tau(z)U\mathrm{d}z + Q(z) + \mathrm{d}Q(z) = Q(z) \tag{3-1}$$

$$\tau(z) = -\frac{1}{U}\frac{\mathrm{d}Q(z)}{\mathrm{d}z} \tag{3-2}$$

式中 $\tau(z)$——深度 z 处桩侧摩阻力；

$\qquad U$——桩身周长；

$\qquad Q(z)$——深度 z 处的桩身轴力。

若加于桩顶的荷载为 Q_0，则深度 z 处桩身轴力 $Q(z)$ 为

$$Q(z) = Q_0 - U \int_0^z \tau(z) \mathrm{d}z \qquad (3\text{-}3)$$

桩微分段产生的弹性变形 $\mathrm{d}s(z)$ 为

$$\mathrm{d}s(z) = -\frac{Q(z)}{AE} \mathrm{d}z \qquad (3\text{-}4)$$

即

$$Q(z) = -AE \frac{\mathrm{d}s(z)}{\mathrm{d}z} \qquad (3\text{-}5)$$

式中 A——桩身的截面积；

$\qquad U$——桩身弹性模量；

$\qquad E$——混凝土弹性模量。

将式（3-5）代入式（3-2），可得

$$\tau(z) = \frac{AE}{U} \frac{\mathrm{d}^2 s(z)}{\mathrm{d}z^2} \qquad (3\text{-}6)$$

式（3-6）为桩土体系荷载传递的基本微分方程，可用于进行荷载传递的分析和计算，其求解取决于荷载传递函数 $\tau\text{-}s$ 的形式。

当传递函数形式不太复杂时，如理想弹塑性函数便可直接代入式（3-6）求得解析解，解析解具有直观、应用方便的特点。采用其他非线性传递函数模型，无法得到解析解时，可用位移协调法或数值解法；其中位移协调法进行桩身荷载传递分析相当于分段试算法，在理论上可以用手算，但很繁琐，在计算机没有普及时有其应用价值，在数值分析手段比较成熟的今天，已无必要，直接采用数值解法编制程序更为方便。

用双曲线型传递函数表达桩土 $\tau\text{-}s$ 的关系，传递函数表达式为：

$$\tau(z) = \frac{s(z)}{a + bs(z)} \qquad (3\text{-}7)$$

式中 a、b——待定常数，其物理意义如图 3.21 所示。

已有桩身内力测试资料表明，黄土中桩的极限侧摩阻力除与土性参数相关外，还与深度相关，当采用有效应力法（β 法）时，有：

$$\tau_{\max} = \sigma_n' \cdot \tan\delta = K\sigma_r' \cdot \tan\delta \qquad (3\text{-}8)$$

令 $K \cdot \tan\delta = \beta$，则 $\tau_{\max} = \beta \cdot \sigma_r' = \beta\gamma'z$

式中 σ_n'——桩土界面上的法向应力；

$\qquad \sigma_r'$——桩侧土的竖向有效自重应力；

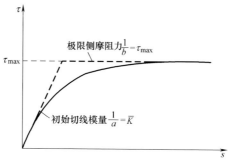

图 3.21 双曲线函数模型

δ——摩擦角；

K——土的侧压力系数；

γ'——土的有效重度；

z——埋深。

因此式（3-7）可变换为：

$$\tau(z) = \frac{s(z)}{a + s(z)/\beta\gamma'z} \tag{3-9}$$

代入式（3-6），有

$$\frac{AE}{U}\frac{\mathrm{d}^2 s(z)}{\mathrm{d}z^2} - \frac{s(z)}{a + s(z)/\beta\gamma'z} = 0 \quad (0 \leqslant z \leqslant l) \tag{3-10}$$

要解此微分方程，须有两个边界条件，可选择边界条件为：

$$\left|\begin{array}{l} s(0) = s_0 \\ s'(0) = -\dfrac{Q_0}{EA} \end{array}\right. \tag{3-11}$$

采用有限差分法解式（3-10）：

第一步，区域的离散。

将桩深区间 $[0, l]$，分成 N 等分，分点

$$z_i = ih \quad (i = 0, 1, \cdots, N)$$

这里 $h = \dfrac{l}{N}$，z_i 称为网格结点，h 称为步长。

第二步，微分方程离散。

由 Tagloy 展开公式，在结点 z_i 处成立

$$s''(z_i) = \frac{1}{h^2}\left[s(z_{i+1}) - 2s(z_i) + s(z_{i-1})\right] - \frac{h^2}{12}s^{(4)}(\xi_i)$$

$$z_{i-1} \leqslant \xi_i \leqslant z_{i+1} \tag{3-12}$$

记余项

$$R_i(s) = -\frac{h^2}{12}s^{(4)}(\xi_i)$$

则在 z_i 处可将式（3-10）写成

$$\frac{s(z_{i+1})-2s(z_i)+s(z_{i-1})}{h^2}=\frac{U}{AE}\frac{s(z_i)}{a+s(z_i)/\beta\gamma'z_i}+R_i \qquad (3\text{-}13)$$

舍去余项，便得到逼近式（3-10）的差分方程

$$\frac{s_{i+1}-2s_i+s_{i-1}}{h^2}=\frac{U}{AE}\frac{s_i}{a+s_i/\beta\gamma'z_i} \qquad (3\text{-}14)$$

第三步，边界条件的处理。

式（3-11）可处理为：

$$\left|\begin{array}{l} s_0=s_0 \\[2mm] \dfrac{s_1-s_0}{h}=-\dfrac{Q_0}{EA} \end{array}\right. \qquad (3\text{-}15)$$

联合式（3-14）、式（4-15），有

$$\left\{\begin{array}{l} s_0=s_0 \\[2mm] s_1=s_0-\dfrac{Q_0}{EA}h \\[2mm] s_2=\dfrac{U}{AE}\dfrac{s_1}{a+s_1/\beta\gamma'h}h^2+2s_1-s_0 \qquad (i=1,2,\cdots,N-1) \\[2mm] \cdots \\[2mm] s_{i+1}=\dfrac{U}{AE}\dfrac{s_i}{a+s_i/\beta\gamma'ih}h^2+2s_i-s_{i-1} \\[2mm] \cdots \end{array}\right. \qquad (3\text{-}16)$$

式（3-16）即是微分方程式（3-10）在边界条件式（3-11）下的数值解。

值得注意的是，边界条件 $s(0)=s_0$ 中的 s_0 实际上是我们需要求解的对象，需满足下式条件：

$$s_0=\int_0^l\frac{Q(z)}{AE}\mathrm{d}z+s_\mathrm{b} \qquad (3\text{-}17)$$

式中，s_b 为桩端沉降。

根据黄土地区内力测试结果，黄土地区桩的破坏形式大多为刺入破坏，在桩端位移达 $3\sim5\mathrm{mm}$ 时，桩即发生刺入破坏，桩端阻力 q_p 的荷载传递函数若近似采用线弹性-理想弹塑性关系（图 3.22）表示，则有

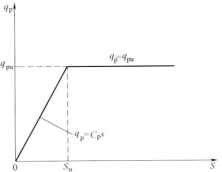

图 3.22　理想弹塑性传递函数模型

$$
\left.\begin{array}{l}
当\ s < s_u\ 时,q_p = C_p s = \dfrac{q_{pu}}{s_u}s \\[3mm]
当\ s \geqslant s_u\ 时,q_p = q_{pu} = 常数
\end{array}\right\}
\qquad (3\text{-}18)
$$

式（3-17）右端可离散为：

$$
\left\{
\begin{array}{l}
s'_0 = \displaystyle\sum_{i=1}^{N}(s_{i-1} - s_i) + \dfrac{(s_{N-1} - s_N)Es_u}{hq_{pu}} \\[3mm]
若\ s_{i-1} - s_i < 0,令\ s_{i-1} - s_i = 0(i = 1,2,\cdots,N)
\end{array}
\right.
\qquad (3\text{-}19)
$$

当 $s'_0 > s_0$ 时，增大 s_0；$s'_0 < s_0$ 时，减小 s_0，代入式（3-16）中进行试算，当 $|s'_0 - s_0| < \zeta$（误差限值）时，即得式（3-16）的解。当 $s_N > s_u$ 时，桩即进入破坏状态，发生刺入破坏而不能稳定。

根据计算得到的桩身沉降 s_i（$i = 0,1,2,\cdots,N$），可得到 $Q\text{-}s$ 曲线，以及不同桩顶荷载下桩身应变、轴力、桩侧阻力随桩深的变化曲线，如式（3-20）所示。

$$
\left\{
\begin{array}{l}
\varepsilon_i = \dfrac{s_{i-1} - s_i}{h} \\[3mm]
Q_i = EA\dfrac{s_{i-1} - s_i}{h}(i = 1,2,\cdots,N) \\[3mm]
q_{si} = \dfrac{s_i}{a + s_i / i\beta\gamma'h}
\end{array}
\right.
\qquad (3\text{-}20)
$$

式中　ε_i——桩身应变；

　　　Q_i——桩身轴力；

　　　q_{si}——桩侧阻力。

算例1：桩径 $d = 0.8\text{m}$，桩身混凝土弹性模量 $E = 30000\text{MPa}$；桩侧阻力传递函数中，$a = 0.005$，$\beta = 0.25$，$\gamma' = 15.4\text{kN/m}^3$；桩端阻力传递函数中，$q_{pu} = 800\text{kPa}$，$s_u = 3\text{mm}$。模拟首级加载 2400kN，分级荷载 1200kN 的情况。

按上述参数计算得到的 $Q\text{-}s$ 曲线如图 3.23 所示，桩身沉降、桩身应变、轴

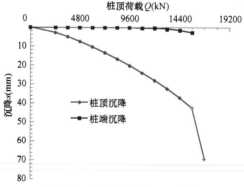

图 3.23　算例得到的 $Q\text{-}s$ 曲线

力、桩侧阻力随桩深的变化曲线如图 3.24 所示。

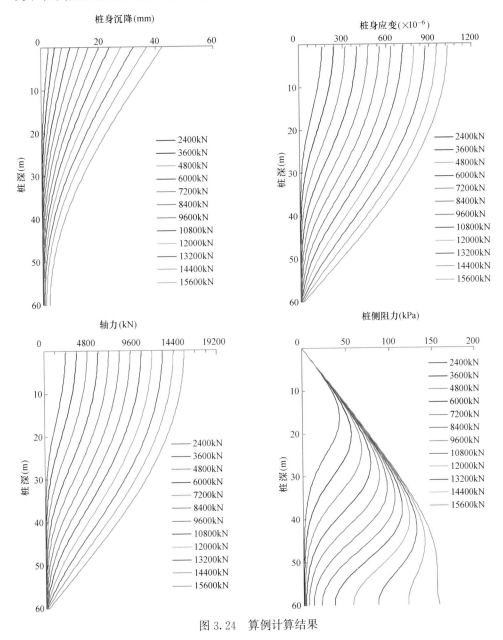

图 3.24 算例计算结果

将图 3.24 与案例 S1、S2 桩有关内力测试结果进行比较，可以看出按式
（3-9）的桩侧阻力传递函数和式（3-18）的桩端阻力传递函数，按荷载传递法进
行桩的理论分析，在大的方向上和实测结果保持了一致。根据实测结果和上述理

论计算结果可分析出黄土区天然工况的荷载传递特征：

（1）小荷载作用下，桩顶荷载完全由桩侧阻力承担，无桩端阻力产生，桩顶沉降等于桩身压缩量；

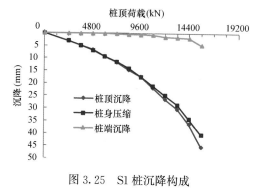

图 3.25　S1 桩沉降构成

（2）随着桩顶荷载的增加，荷载逐渐向桩的下部传递，桩端阻力逐渐产生，当桩端阻力达到极限后，桩进入破坏状态。但在极限荷载以前，桩顶沉降仍主要由桩身压缩量构成（图 3.25 为经局部修正的实测曲线，极限荷载作用下桩端沉降仅 4.750mm，占总沉降的 10.5%）。

（3）上部土体桩侧阻力先发挥到极限，各级荷载下桩侧阻力随深度呈现出"单峰状"，即存在一个峰值深度，在峰值深度以上，桩侧阻力随深度逐渐增大，峰值深度以下，桩侧阻力随深度减小，随桩顶荷载的增大，峰值深度逐渐向下移动。

（4）荷载传递特征可简单表述为：在荷载作用下，桩身发生压缩沉降，由于上部的沉降大，下部的沉降小，使得上部桩体的桩土位移大，桩侧阻力优先发挥到极限，而下部桩体的桩土位移小，虽然极限桩侧阻力较上部桩体大，但得不到有效发挥；随着荷载的增大，下部桩体的桩身压缩量增大，桩侧阻力逐渐发挥，同时开始促使桩端阻力发挥，当桩端阻力增大到极限端阻力后，桩体发生失稳破坏。

3.2.4　浸水工况桩基内力测试结果与分析

3.2.4.1　浸水工况桩基内力测试结果

1. 浸水工况静载试验曲线及单桩竖向极限承载力

三根桩分"预湿"和"后湿"两种工况进行了浸水条件下的单桩竖向抗压静载试验，试验曲线见图 3.26。按《建筑基桩检测技术规范》JGJ 106 及《铁路桥涵施工规范》TB 10203 有关极限承载力取值的规定，各桩的极限承载力见表 3.16，主要沉降数据见表 3.17。

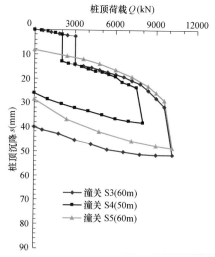

图 3.26　S3、S4、S5 桩静载试验结果

浸水工况单桩竖向抗压极限承载力取值表　　　　表 3.16

桩号	桩周土状态	平均桩径 (mm)	有效桩长 (m)	极限承载力 (kN)
S3		846	60.10	9600
S4	饱和	873	50.88	7500
S5		820	60.13	9600

浸水工况静载试验数据汇总表　　　　表 3.17

S3		S4		S5	
桩顶荷载(kN)	沉降(mm)	桩顶荷载(kN)	沉降(mm)	桩顶荷载(kN)	沉降(mm)
0	0.00	0	0.00	0	(8.20)
600	0.36	500	0.23	2400	10.70
1200	0.90	1000	0.65	3600	12.02
1800	1.47	1500	1.11	4800	13.97
2400	2.09	2000	1.76	6000	16.50
3000	2.61	2000	(12.84)	7200	19.18
3000	(14.30)	2500	13.70	8400	23.06
3600	14.74	3000	14.28	9000	25.69
4200	15.53	3500	15.04	9600	28.95
4800	16.32	4000	16.12	10200	48.55
5400	17.25	4500	16.98		
6000	18.32	5000	17.26		
6600	19.20	5500	18.10		
7200	20.91	6000	19.29		
7800	22.09	6500	21.37		
8400	24.84	7000	22.45		
9000	27.89	7500	23.72		
9600	31.34	8000	38.21		
10200	51.34				

注："（ ）"表示浸水稳定后的总沉降。

本试验由于其成桩质量稳定，表现出了较好的规律性，揭示出的浸水条件下沉降规律如下：

（1）"后湿"工况下 S3（桩长 60m）和 S4（桩长 50m）桩沉降曲线比较分析：S3 和 S4 桩的 Q-s 曲线也较好地体现了"天然"工况下 S1 和 S2 桩的沉降特征，在桩周土呈天然状态加载至设计工作荷载以前，其 Q-s 曲线和 S1、S2 桩基本重合；"浸水期"阶段发生了浸水附加沉降；"浸水后"加压过程中的初期，两条曲线基本重合，后期 S4 桩沉降明显加大，并先于 S3 桩破坏。

（2）"后湿"工况 S3 桩与"预湿"工况 S5 桩沉降曲线的比较分析：两桩桩长同为 60m，"浸水期"由于桩顶荷载不同，浸水附加沉降有所差别；"浸水后"加压过程中 S3 桩的沉降始终大于 S5 桩，但 S3 和 S5 桩都在相同压力（9600kN）下发生破坏，说明"先湿"和"后湿"对单桩竖向抗压极限承载力值影响不大。

2. 浸水工况桩基内力测试结果

对浸水工况的各桩，在加压和浸水引起土体沉降过程中均采用滑动测微计进行了内力测试，按滑动测微计测试数据的资料分析方法，得到 3 根浸水工况桩的断面修正应变见图 3.27（a）、图 3.28（a）和图 3.29（a）。

混凝土是一种人造复合材料，此特点决定了混凝土比其他单一性结构材料的力学性能更为复杂。混凝土在应力作用下产生的变形，除了即时应变（弹性应变）外，还有在应力持续作用下不断增大的应变，这种与时间有关的应变称为徐变。在应力不变的条件下，混凝土的徐变随时间增大，增长速率减小，徐变增长可延续几十年，但大部分在 1～2 年内出现，前 2～6 个月发展最快。与天然工况的静载试验不同，浸水工况桩的试验过程历时几十天，桩身混凝土在桩顶荷载和负摩阻力的作用下，除了产生弹性应变外，也将产生徐变，从本次试验的 S3 桩试验结果（图 3.27）来看，在浸水期桩顶维持 3000kN 恒载不变条件下，可明显看出桩顶附近的应变在整个浸水期内不断增大。滑动测微计直接测得的是桩身的应变，但在进行内力分析时采用的是弹性理论，因此对浸水工况测试资料的分析，必须要扣除桩身混凝土在长期荷载（桩顶荷载和负摩阻力等引起）作用下产生的徐变才能得到准确的内力分布结果。同时，对桩身混凝土长期荷载作用下产生的徐变进行分析研究，对有严格沉降控制要求的工程有重要的意义。

3.2.4.2　浸水对桩承载力的影响

1. 浸水对桩极限承载力的影响

结构性是湿陷性黄土的主要特点之一，颗粒间的固化联结键使得天然湿陷性黄土具有一定的结构强度，表现出压缩性低、强度高的特性；当湿陷性黄土受水浸湿后，表现出湿陷的性状，并伴随力学指标的降低。因此对湿陷性黄土场地中的桩基，伴随浸水后桩周土力学性质的降低，也将使得侧阻力发生降低，从而桩的竖向极限承载力也会降低。表 3.18 为试验点天然和浸水工况试桩（桩周土均发挥正侧阻力）的极限承载力对比表，相较天然工况试桩结果，浸水桩周土呈饱和状态后单桩竖向极限承载力下降了 38%～48%，由于桩周土均为黄土，桩长范围内无地下水，浸水后桩周土的性质改变大，因而其承载力降低幅度大。

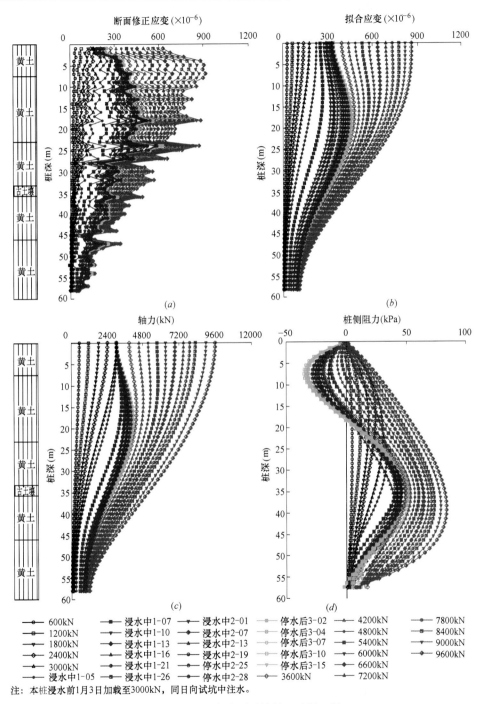

图 3.27 S3 桩内力测试结果（后湿工况）

（a）S3 桩断面修正应变；（b）S3 桩拟合应变；（c）S3 桩轴力；（d）S3 桩桩侧阻力

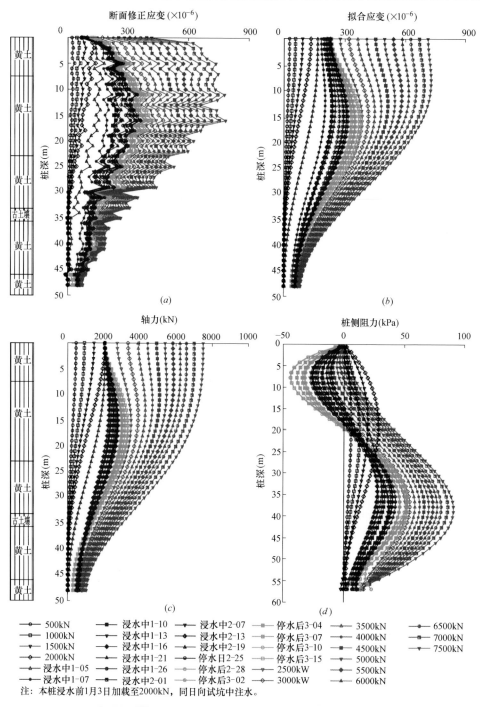

图 3.28 S4 桩内力测试结果（后湿工况）

（a）S4 桩断面修正应变；（b）S4 桩拟合应变；（c）S4 桩轴力；（d）S4 桩桩侧阻力

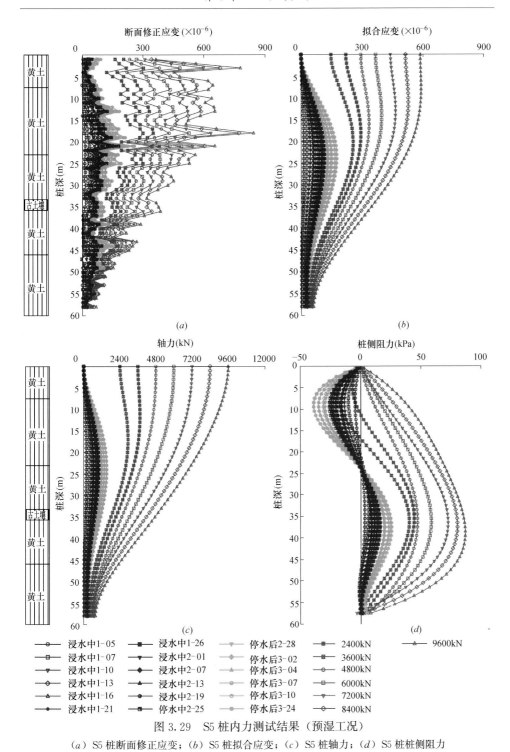

图 3.29　S5 桩内力测试结果（预湿工况）

（a）S5 桩断面修正应变；（b）S5 桩拟合应变；（c）S5 桩轴力；（d）S5 桩桩侧阻力

天然和浸水工况极限承载力对比表　　表 3.18

试验地点	桩长(m)	桩径(m)	混凝土强度	单桩竖向极限承载力(kN)		
				天然	饱和	浸水降低幅度
潼关	60	0.8	C35	15600	9600	38%
	50	0.8	C35	14400	7500	48%

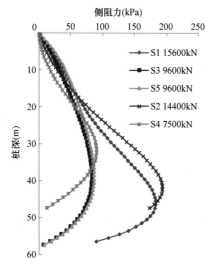

图 3.30　天然和浸水工况极限侧阻力对比

2. 浸水后侧阻力变化

图 3.30 为试验天然和浸水工况极限承载力作用下所对应的侧阻力分布曲线，浸水桩周土饱和后，下部非湿陷性黄土层的桩侧阻力减小似乎更多。

3. 浸水后端阻力变化

图 3.31 为本次试验三个试验工点端阻力随桩顶荷载的变化关系曲线，从图中可以看出：

（1）天然工况试桩，其端阻力在接近极限荷载时以较快速度增长，此前维持在较低水平。

（2）浸水工况桩，虽然桩顶荷载较小，但仍产生了较为可观的端阻力。

（3）由于实测端阻力较为离散，暂时还看不出浸水后端阻力相较天然状态的变化情况。

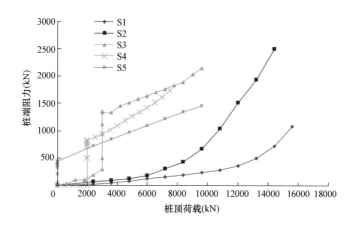

图 3.31　端阻力变化曲线

3.2.4.3 负摩阻力与中性点

根据前述桩基内力测试与分析结果，可计算得中性点以上，由于黄土湿陷引起的桩基负摩阻力平均值随时间的变化曲线如图 3.32 所示。

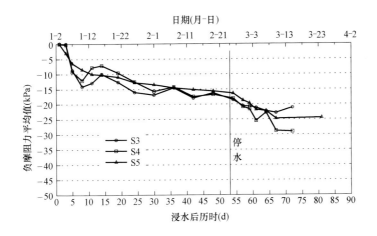

图 3.32 负摩阻力发展过程

由图 3.32 可以看出，湿陷性黄土场地负摩阻力随时间的变化特点如下：

（1）预湿和后湿工况桩，负摩阻力随时间的发展过程基本一致。

（2）桩周土浸水后，伴随桩周土的沉降，负摩阻力迅速产生，在浸水前期增长速度快，随后增长速度趋缓，在停水前趋于稳定。

（3）停水后，伴随地基土发生再次剧烈沉降，负摩阻力再次增加，最大负摩阻力发生在停水后。对于停水后负摩阻力再次增大的原因，可有两方面的解释：一是停水后土体含水率降低，使得土体的力学指标有所好转；二是停水后孔隙水压力的消散，使得土体的有效重度增加，桩-土剪切面的法向应力相应增加所致。S3、S4 和 S5 桩最大的负摩阻力平均值分别为 23kPa、29kPa 和 25kPa。

如图 3.33 为根据前述桩基内力测试及分析结果得到的中性点深度随时间变化曲线，从中可以看出浸水后各桩中性点深度迅速增大，并很快达到稳定，停水对中性点深度的影响不大。

根据现场深标点沉降监测测得的自重湿陷量随深度变化曲线，将曲线中出现明显拐点，且其下变形基本不随深度变化所对应的深度称之为"自重湿陷下限深度"，实测中性点深度与自重湿陷下限深度的对比见图 3.34。从图中可以看出，后湿工况桩的中性点深度与自重湿陷下限深度接近。

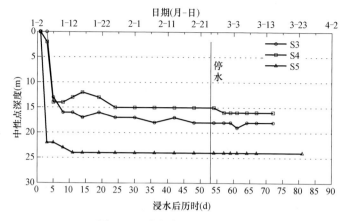

图 3.33　中性点深度发展过程

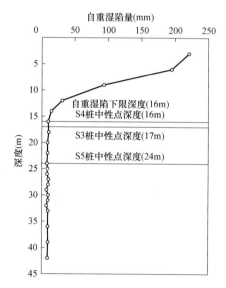

图 3.34　中性点深度与自重湿陷下限深度

3.3　PHC 管桩内力测试

3.3.1　工程概况及场地岩土工程条件

　　本案例为研究 PHC 管桩内力测试方法专门开展的试验，试验场地位于西安市东南郊的黄渠头村，场地地貌单元为黄土塬，地形开阔平坦，试验现场见图 3.35。地基土为黄土（粉质黏土）与古土壤（粉质黏土）成层交互分布，总厚度超过60m，地层结构详见图3.36。现场取土室内进行湿陷性试验，按结果评定场地为Ⅱ级自重湿陷性黄土，自重湿陷主要发生在地表下3.3～27.4m的黄土层内（自重湿陷系数随深度变化曲线见图3.37），计算自重湿陷量平均值270mm，场地地下水稳定水位深度为44m。

图3.35 试验现场

3.3.2 试验设计及试验方法

3.3.2.1 试坑、试桩及锚桩设计

黄渠头试验设计为PHC桩的浸水载荷试验，试坑设计呈圆形，直径28m，深度30cm，试坑设计图见图3.38。试坑中设计PHC试桩4根，采用桩端闭口的PHC-AB500（125）型预应力混凝土管桩（桩径500mm，壁厚125mm）作为试桩，混凝土强度等级为C80，采用打入法施工，施工桩长32m，由3节从上至下分别为10m、11m和11m的单节桩焊接而成，测试桩长为桩顶下31m，试桩参数及工况见表3.19。

试桩设计参数和试验工况 表3.19

桩号	桩径(mm)	桩长(m)	浸水荷载(kN)	试验工况	试验时龄期(d)
S1	500	31	1500	后湿	140
S2	500	31	0	预湿	153
S3	500	31	2700	后湿	143
S4	500	31	—	天然	122

层号	土名	层底深度 (m)	层底标高 (m)	柱状剖面 桩顶标高	岩芯描述	物理力学性质指标
①	黑垆土 (粉质黏土) Q_4^{eol}	2.85	478.95	▽481.30m	褐色，块状结构，见植物根，大量白色钙质条纹，偶见蜗牛壳	$w=16.3\%,e=0.885$ $\rho=1.69g/cm^3,a_{1-2}=0.26MPa^{-1}$ $S_r=50\%,I_p=12.3$ $I_L<0,E_{s1-2}=9.2MPa$ $\delta_s=0.078,\delta_{zs}=0.002$
②	黄土 (粉质黏土) Q_3^{eol}	11.78	470.02		黄褐色，土质较均匀，大孔及针孔发育，偶见蜗牛壳碎片	$w=21.7\%,e=1.088$ $\rho=1.58g/cm^3,a_{1-2}=0.45MPa^{-1}$ $S_r=55\%,I_p=11.9$ $I_L<0.27,E_{s1-2}=8.6MPa$ $\delta_s=0.044,\delta_{zs}=0.020$
③	古土壤 (粉质黏土) Q_3^{el}	16.70	465.10		红褐色，块状结构，大孔及针孔发育，含大量白色钙质条纹，底部50cm钙质结核富集	$w=18.7\%,e=0.804$ $\rho=1.79g/cm^3,a_{1-2}=0.11MPa^{-1}$ $S_r=64\%,I_p=12.3$ $I_L<0,E_{s1-2}=18.9MPa$ $\delta_s=0.022,\delta_{zs}=0.008$
④	黄土 (粉质黏土) Q_2^{eol}	26.13	455.67		黄褐—褐黄色，土质均匀，大孔及针孔发育	$w=19.3\%,e=0.919$ $\rho=1.67g/cm^3,a_{1-2}=0.31MPa^{-1}$ $S_r=56\%,I_p=11.2$ $I_L<0.13,E_{s1-2}=17.8MPa$ $\delta_s=0.018,\delta_{zs}=0.010$
⑤	古土壤 (粉质黏土) Q_2^{el}	31.20	450.60		棕红色(两层古土壤夹一层黄土的"红二条")黄褐黄色，块状结构，针孔发育，含白色钙质条纹	$w=20.3\%,e=0.810$ $\rho=1.81g/cm^3,a_{1-2}=0.09MPa^{-1}$ $S_r=69\%,I_p=11.6$ $I_L<0.18,E_{s1-2}=21.7MPa$ $\delta_s=0.015,\delta_{zs}=0.005$
⑥	黄土 (粉质黏土) Q_2^{eol}	38.06	443.74		褐黄色，土质均匀，含少量钙质结核和钙质条纹	$w=21.1\%,e=0.797$ $\rho=1.83g/cm^3,a_{1-2}=0.12MPa^{-1}$ $S_r=71\%,I_p=11.4$ $I_L<0.27,E_{s1-2}=15.9MPa$ $\delta_s=0.003,\delta_{zs}=0.003$
⑦	古土壤 (粉质黏土) Q_2^{el}	41.96	439.84		棕红色，块状结构，含较多钙质结核	$w=20.9\%,e=0.781$ $\rho=1.85g/cm^3,a_{1-2}=0.09MPa^{-1}$ $S_r=73\%,I_p=12.4$ $I_L=0.16,E_{s1-2}=19.7MPa$
⑧	黄土 (粉质黏土) Q_2^{eol}	▽43.71 45.33	438.09 436.47		褐黄色，土质均匀，含少量钙质结核	$w=25.9\%,e=0.721$ $\rho=1.99g/cm^3,a_{1-2}=0.21MPa^{-1}$ $S_r=98\%,I_p=12.6$ $I_L=0.53,E_{s1-2}=8.2MPa$
⑨	古土壤 (粉质黏土) Q_2^{el}	48.13	433.67		棕红色，块状结构，含较多钙质结核和条纹	$w=21.8\%,e=0.654$ $\rho=2.00g/cm^3,a_{1-2}=0.11MPa^{-1}$ $S_r=91\%,I_p=12.7$ $I_L=0.20,E_{s1-2}=15.0MPa$
⑩	黄土 (粉质黏土) Q_2^{eol}	54.11	427.69		黄褐色，土质均匀，含少量钙质结核，偶见蜗牛壳	$w=25.3\%,e=0.731$ $\rho=1.97g/cm^3,a_{1-2}=0.12MPa^{-1}$ $S_r=94\%,I_p=12.7$ $I_L=0.48,E_{s1-2}=15.3MPa$
⑪	古土壤 (粉质黏土) Q_2^{el}	59.27	422.53		棕红色(红三条)，块状结构，含钙质结核和钙质条纹	

图 3.36 场地地层结构综合柱状图

所有试桩的加载均采用锚桩提供反力，锚桩采用灌注桩，成孔采用锅锥旋挖成孔，场地锚桩的主要参数如表 3.20 所示，锚桩在试坑中的平面位置见图 3.38。

锚桩主要设计参数   表 3.20

锚桩数量（根）	设计桩径（mm）	有效桩长（m）	主筋	混凝土强度	横向间距（m）	纵向间距（m）	试锚桩中心距（m）
10	600	21	14 ⏀ 25	C25	4.8	4.8	3.4

注：横向间距指平行于试桩连线方向的锚桩间距，纵向间距指垂直于试桩连线方向的锚桩间距。

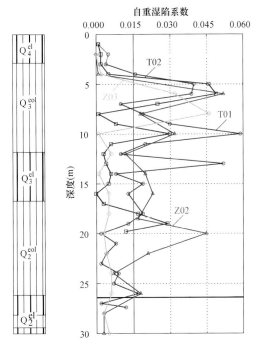

图 3.37 黄渠头场地自重湿陷系数

3.3.2.2 试验内容及流程

PHC 桩基浸水载荷试验主要包括天然桩基载荷试验和浸水桩基载荷试验两部分内容，设置 3 种工况的试验，分别为①"天然"工况的单桩竖向抗压静载试验；②"后湿"工况的单桩竖向抗压静载试验；③"预湿"工况的单桩竖向抗压静载试验。试验时测试每一级荷载作用下的桩顶沉降和桩身应变，并分析计算桩身应变引起的桩侧阻力、桩端阻力、下拉荷载、负摩阻力、中性点的深度及其变化规律，并求得不同工况下桩周土的单桩极限承载力值。

除上述主要试验工作外还包括其他试验辅助工作，主要包括探井取土、钻孔取土并进行室内试验得到地基土物理力学性质指标，桩身完整性检测，桩周深、

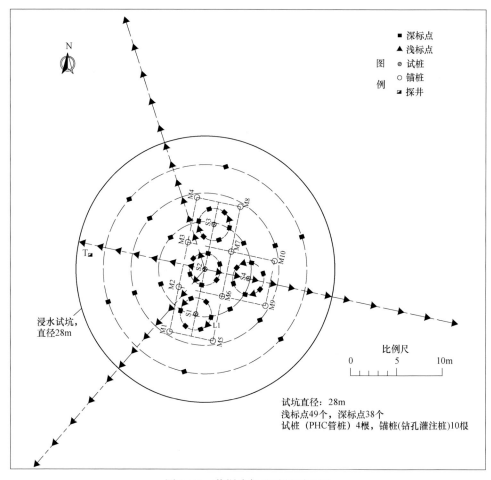

图 3.38　黄渠头场地试坑平面图

浅标点的沉降测量等工作。

　　现场试验项目繁多，具体顺序与 3.2 节潼关场地桩基浸水载荷试验大致相同，试验过程中，桩身应力测试贯穿始终。值得指出的是，本场地桩在桩顶千斤顶之上增加了压力传感器对桩顶施加荷载进行了更准确地确定。

3.3.3　天然工况桩基内力测试结果与分析

3.3.3.1　天然工况桩基内力测试结果

1. 天然工况静载试验曲线及单桩竖向极限承载力

　　天然工况 PHC 桩的 Q-s 曲线如图 3.39 所示，按《建筑基桩检测技术规范》有关极限承载力取值的规定，天然工况 S4 桩的桩长、桩径及极限承载力见表 3.21。主要沉降数据见表 3.22，表中的桩身压缩（变形量）根据内力测试的实测应变结果计算得到。

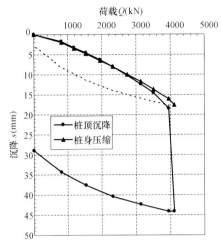

图 3.39 黄渠头 S4 桩静载试验曲线

黄渠头场地天然工况单桩承载力 表 3.21

场地	桩号	桩周土状态	桩径（mm）	有效桩长（m）	极限承载力(kN)
黄渠头	S4	天然	500	31.0	3947

黄渠头场地天然工况静载试验数据 表 3.22

黄渠头 S4 桩			
桩顶荷载(kN)		桩顶沉降（mm）	桩身压缩(mm)
千斤顶	压力传感器		
0	0	0.000	0.000
800	823	1.808	2.006
1200	1196	3.264	3.395
1600	1535	4.617	4.731
2000	1943	6.404	6.423
2400	2320	8.088	8.034
2800	2734	10.137	9.939
3200	3138	12.342	11.829
3600	3521	14.625	13.786
4000	3947	18.526	16.129
4200	4111	44.167*	17.626
4000	3947	44.166	

续表

黄渠头 S4 桩			
桩顶荷载（kN）		桩顶沉降	桩身压缩（mm）
千斤顶	压力传感器	（mm）	
3200	3138	42.335	
2400	2320	40.345	
1600	1535	37.658	
800	823	34.456	
0	0	28.909	2.622

注：1. "＊"表示在该级压力下经 24.5h 试验仍未稳定的沉降。

2. 本桩桩顶荷载采用了压力传感器实测千斤顶出力，相关分析桩顶荷载以压力传感器读数为准。

从图 3.39 及表 3.21、表 3.22 可知，载荷试验（Q-s）曲线主要表现为"陡降型"；桩在破坏之前，桩身压缩变形是桩顶沉降的主要构成部分，桩端沉降所占比较小，桩顶卸载时，桩顶的回弹量主要是桩身压缩的回弹所致（占 98%），极限荷载下桩端沉降占桩顶沉降的比重为 87%。

2. 天然工况桩身内力测试结果

根据前述有关滑动测微计桩身内力测试的资料整理技术，分析得到黄渠头天然工况试桩的桩身内力测试结果见图 3.40。

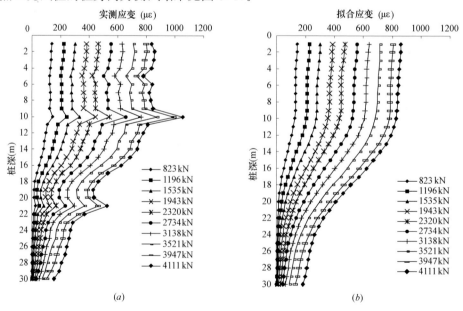

图 3.40　黄渠头 S4 桩内力测试结果（天然工况）（一）

（a）黄渠头 S4 桩实测应变；（b）黄渠头 S4 桩拟合应变

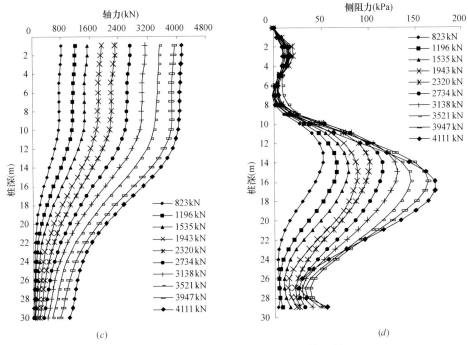

图 3.40 黄渠头 S4 桩内力测试结果（天然工况）（二）

（c）黄渠头 S4 桩轴力；（d）黄渠头 S4 桩侧阻力

图 3.40 中实测应变比较大的 10m 和 21m 深度为管桩接桩位置。从图中可以看出，黄渠头场地的 S4 桩，由上向下的第一节桩侧阻力非常小，在极限荷载（3947kN）下也仅 10kPa（平均值），而第二节桩的侧阻力较大，极限荷载作用下平均值为 133kPa，第三节桩的侧阻力居中，极限荷载作用平均值为 57kPa。

若将桩顶荷载与极限承载力之比称为"桩顶荷载水平"，各级桩顶荷载下的总桩侧阻力或总端阻力与极限承载力下的总桩侧阻力或总端阻力称为"阻力发挥水平"，则可得黄渠头 S4 桩各级荷载下的阻力发挥水平如图 3.41 所示，从图中

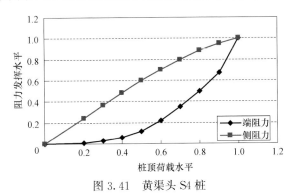

图 3.41 黄渠头 S4 桩

可以看出侧阻力的发挥水平始终高于端阻力的发挥水平，在承载力特征值（桩顶荷载水平为 0.5）时的侧阻力发挥水平为 0.60，端阻力发挥水平仅为 0.12。

3.3.3.2 天然工况桩基荷载传递特征

1. 荷载传递函数

根据桩顶沉降和桩身内力的测试结果，可分析得到黄渠头桩基浸水载荷试验天然工况下 PHC 桩（S4）的桩侧阻力和端阻力传递函数曲线分别如图 3.42（a）和（b）所示。由图中可以看出 PHC 桩的侧阻力传递函数可用双曲线函数来表达，端阻力传递函数可用折线型函数表达。

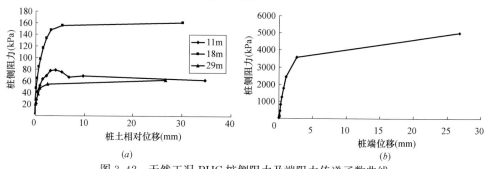

图 3.42　天然工况 PHC 桩侧阻力及端阻力传递函数曲线

（a）桩侧阻力传递函数曲线；（b）桩端阻力传递函数曲线

2. 卸载后的残余应变

表 3.22 黄渠头 S4 桩加压至破坏以后的卸载回弹数据表明，卸载回弹时的桩顶沉降回弹量主要由桩身压缩的回弹贡献，图 3.43 左图为该桩桩顶荷载卸载至

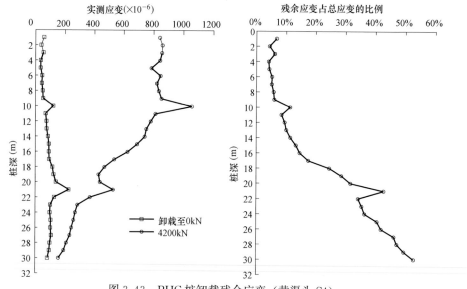

图 3.43　PHC 桩卸载残余应变（黄渠头 S4）

0kN 后的桩身残余应变随深度的曲线，右图为不同深度残余应变占总应变（4200kN 下的应变）的比例。从图中可以看出在桩的上部，残余应变较小，约占总应变的 5%，而在桩的下部（第二、三节桩）由于土层的约束作用，其残余应变的量值相对较大，且占总应变比例较高，约 50%。虽然桩体在卸载回弹后相对于土的变形仍向下，但土提供给桩体的力，其方向为向下，以阻止桩体的向上运动。

归纳起来，黄土地区 PHC 桩的承载性状可概括为如下几点：

（1）由于 PHC 桩通常是多节桩连接，通过打入或压入的方法沉桩，施工中难以使得多节桩绝对共线，因此上部桩体往往与桩周土间存在缝隙，使桩周侧阻力不能得到有效发挥。

（2）PHC 桩的载荷试验曲线一般为陡降型，破坏荷载之前，桩身压缩变形在桩顶沉降中占据了绝大部分的比重，桩顶卸载回弹时，桩顶回弹量几乎全部由桩身压缩回弹贡献。

（3）本场地 PHC 桩侧阻力随深度的变化曲线呈现为单峰，即最大侧阻力（峰值）位于桩身中部，峰值深度随着荷载的增加逐渐向下移动。

（4）桩侧阻力和端阻力的传递函数基本可分别用双曲线函数和线性折线函数表达。

3.3.4　浸水工况桩基内力测试结果与分析

3.3.4.1　浸水工况桩基内力测试结果

黄渠头浸水工况三根桩（S1、S2、S3）的静载荷试验曲线见图 3.44，根据

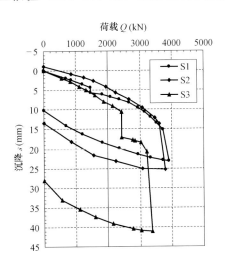

图 3.44　浸水工况黄渠头 PHC 桩载荷试验曲线

《建筑基桩检测技术规范》JGJ 106 有关极限承载力取值的规定，各桩的极限承载力见表 3.23，主要沉降数据见表 3.24。

PHC桩天然和浸水工况极限承载力对比表   表 3.23

桩号	桩长(m)	桩径(m)	混凝土强度	单桩竖向极限承载力(kN)		
				天然	饱和	浸水降低幅度
S1	31.0	0.5	C80	3947(S4)	3724	5.6%
S2	31.0	0.5	C80	3947(S4)	3622	8.2%
S3	38.6	0.5	C80	3947(S4)	3210	18.7%

黄渠头场地浸水工况桩静载试验数据汇总表   表 3.24

黄渠头-S1			黄渠头-S2			黄渠头-S3		
桩顶荷载(kN)		沉降	桩顶荷载(kN)		沉降	桩顶荷载(kN)		沉降
千斤顶	传感器	(mm)	千斤顶	传感器	(mm)	千斤顶	传感器	(mm)
0	0	0.00	0	0	(−1.06)	0	0	0.00
600	693	1.83	800	864	0.76	600	560	1.85
900	860	2.46	1200	1245	1.70	900	837	2.69
1200	1203	3.36	1600	1558	2.66	1200	1101	4.18
1500	1464	4.23	2000	1935	4.09	1500	1308	4.98
1500	1464	(5.57)	2400	2236	5.58	1800	1588	6.17
1800	1840	6.13	2800	2672	7.39	2100	1870	8.04
2100	2081	6.60	3200	3087	9.42	2400	2152	9.18
2400	2371	7.25	3600	3473	12.10	2700	2434	10.49
2700	2661	8.26	3800	3622	13.70	2700	2434	(17.02)
3000	2951	9.59	4000	3803	25.38 *	3000	2778	17.73
3200	3144	10.54	3200	3087	25.10	3200	2855	17.99
3400	3337	11.85	2400	2236	23.21	3400	3033	18.35
3600	3530	13.41	1600	1558	21.58	3600	3210	20.69
3800	3724	15.13	800	864	18.06	3800	3388	41.01 *
4000	3917	23.09	0	0	13.31	3400	3033	40.85
3800	3724	22.86				3000	2778	40.45
3400	3337	22.29				2400	2152	39.12
3000	2951	21.51				1800	1588	37.52
2400	2371	19.99				1200	1101	35.50
1800	1840	18.36				600	560	33.04
1200	1203	16.14				0	0	28.03
600	693	14.07						
0	0	10.07						

注："*"表示在该级压力下经 24.5h 试验且仍未稳定的沉降；"（）"表示浸水稳定后的总沉降。

本场地浅标点的沉降监测结果表明场地属自重湿陷性黄土场地，试验桩浸水后产生了负摩阻力，浸水条件下 PHC 桩载荷试验曲线反映的规律和灌注桩大体相似，浸水后桩顶都能产生一定量的浸水附加沉降（变形），且附加沉降随着桩顶荷载的增大而增大；浸水后单桩极限承载力一般都会有所降低。浸水后保持桩周土饱和状态加压的初期（压力增量较小时），Q-s 曲线的斜率较小（相对于浸水前）。

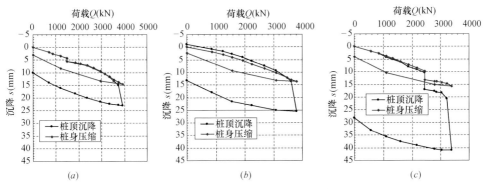

图 3.45　浸水工况 PHC 桩各级压力下的桩身压缩变形
（a）黄渠头 S1；（b）黄渠头 S2；（c）黄渠头 S3

从图 3.45 可以看出，当浸水时桩顶荷载较小时，桩顶沉降始终和桩身压缩接近（如黄渠头 S1 桩），桩顶沉降曲线和桩身压缩曲线接近；当浸水时桩顶荷载较大时，浸水桩端会产生相对较大的沉降，停水后的加压过程中桩顶沉降曲线和桩身压缩曲线具较大差异（如黄渠头 S3 桩）。

黄渠头 S1、S2 和 S3 桩的桩顶卸载回弹量分别为 13.02mm、12.07mm 和 12.98mm，其中桩身压缩的回弹量分别为 11.62mm、1.46mm 和 9.99mm，即浸水工况桩的桩顶卸载回弹量也主要由桩身压缩回弹贡献，三桩所占的比例分别为 89%、95% 和 77%，浸水过程中的桩顶荷载越小，桩身压缩回弹占桩顶回弹的比例越大。

3.3.4.2　浸水工况桩基荷载传递特征

根据黄渠头 3 根浸水工况桩的内力测试结果见图 3.46～图 3.49。自重湿陷性黄土场地浸水条件下 PHC 桩的荷载传递特征在宏观上是和灌注桩相同的，包括浸水前分级加载过程中按 PHC 桩天然工况荷载传递特征传递荷载，浸水后逐渐产生负摩阻力，中性点下移，并在停水后一定时间负摩阻力和中性点深度达到最大，下部桩侧阻力增大；停水后继续加压过程初期桩顶荷载主要由中上部桩体消化，随着荷载的加大，下部桩侧阻力和桩端阻力再次加大，并逐渐进入破坏阶段。

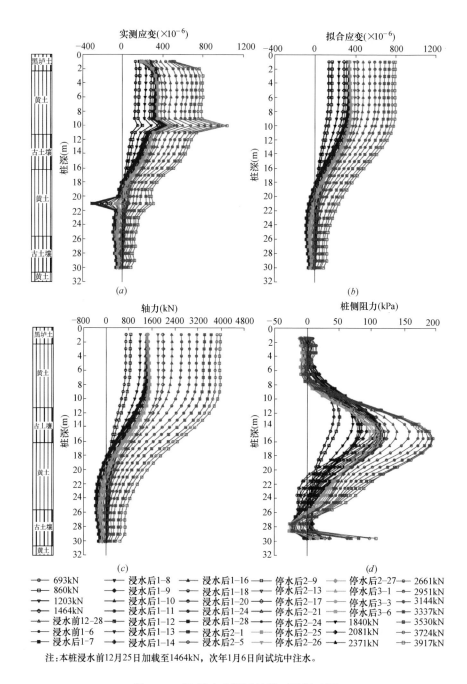

图 3.46 S1 桩内力测试结果 (后湿工况)

(a) 黄渠头 S1 实测应变；(b) 黄渠头 S1 拟合应变；(c) 黄渠头 S1 轴力；(d) 黄渠头 S1 桩侧阻力

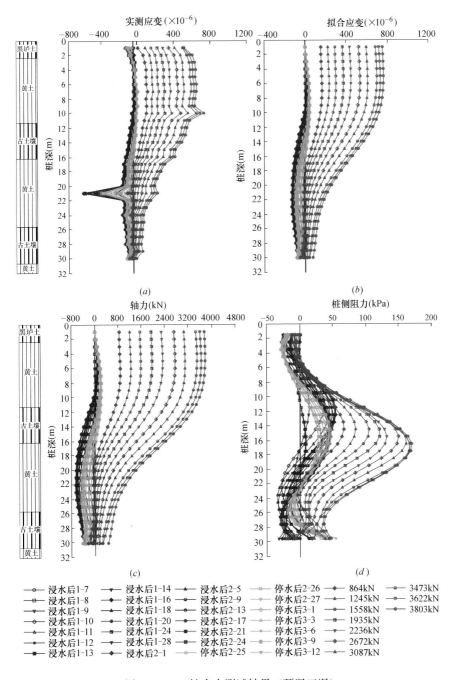

图 3.47　S2 桩内力测试结果（预湿工况）

（a）黄渠头 S2 实测应变；（b）黄渠头 S2 拟合应变；（c）黄渠头 S2 轴力；（d）黄渠头 S2 桩侧阻力

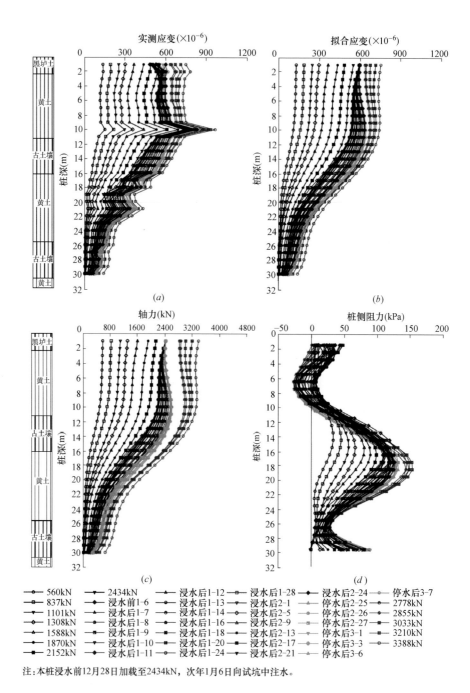

图 3.48　S3 桩内力测试结果（后湿工况）

（a）黄渠头 S3 实测应变；（b）黄渠头 S3 拟合应变；（c）黄渠头 S3 轴力；（d）黄渠头 S3 桩侧阻力

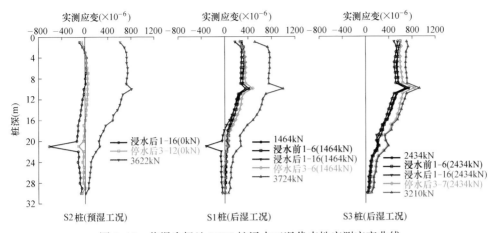

图 3.49 黄渠头场地 PHC 桩浸水工况代表性实测应变曲线

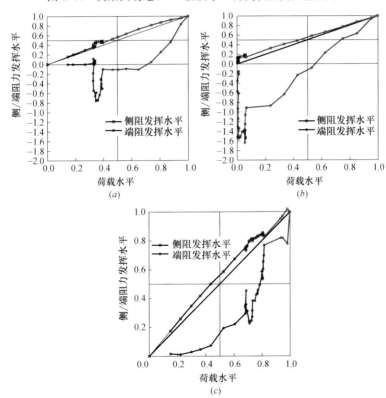

图 3.50 黄渠头场地桩侧阻和端阻发挥水平

（a）黄渠头 S1 桩；（b）黄渠头 S2 桩；（c）黄渠头 S3 桩

注：图中黑色线段表示浸水前加压过程，蓝色线段表示浸水后桩
顶恒载过程，粉红色线段表示浸水后加压过程。

然而，浸水条件下的 PHC 桩有如下现象值得关注：

（1）浸水桩顶荷载过程中，当桩顶荷载较小时，中下部桩体可能发生伸长（回弹）。如图 3.46 黄渠头试验的 S2 桩（浸水桩顶无荷载）和 S1 桩（浸水桩顶恒载 1464kN），浸水过程中分别在 9m 和 18m 之下产生了实测压缩应变为负值（伸长）的情况，负应变随深度存在先增大后减小的规律，致使桩的顶部和底部均出现负摩阻力的现象（见图 3.47 和图 3.48）。分析原因可能是，PHC 桩通过打入或压入土中，施工完毕后存在卸载过程，上部桩体由于土侧阻力较小，卸载回弹相对较充分，而下部桩体由于桩侧土的约束作用，卸载回弹不充分（出现如图 3.43 的效应），浸水后桩土界面被水润滑，约束作用减小，使下部桩体产生了卸载回弹。但当桩顶荷载较大时，浸水前的加压已使得下部桩体承受了较大的压应力，因而回弹不能发生，其浸水后的荷载传递特征和灌注桩基本相同。

（2）黄渠头场地 PHC 桩天然工况第一节桩的桩侧阻力较小，从图 3.49 极限荷载下的实测应变曲线上看，浸水后第一节桩的桩侧阻力依然较小，S1～S3 桩第一节桩的桩侧阻力平均值分别为 11kPa、10kPa 和 1kPa（桩周土呈饱和状态的极限桩侧阻力标准值）。

（3）黄渠头天然工况 PHC 桩侧阻力随深度曲线表现为"单峰型"，浸水之后极限承载力下也表现为这种类型，见图 3.46～图 3.48。

图 3.50 为黄渠头 S1～S3 桩侧阻和端阻发挥水平与荷载水平的关系。对于自重湿陷性黄土场地的黄渠头场地，具有以下特点：

（1）当浸水桩顶恒载较小，浸水前荷载作用下端阻发挥水平较小时，浸水后由于存在卸载回弹作用，使得桩端阻力减小，桩端阻力发挥水平甚至出现负值，因此同荷载水平下的端阻力发挥水平（图 3.50a、b）甚至低于天然工况（图 3.41）。

（2）当浸水桩顶恒载较大，浸水前荷载作用下端阻发挥水平较大时，浸水后端阻力发挥水平明显增大，侧阻力和端阻力发挥曲线往 45°线（侧阻力发挥水平等于荷载水平线）靠拢，如图 3.50（c）所示，浸水后桩顶恒载末期荷载水平为 0.82 时，侧阻力和端阻力的发挥水平分别为 0.83 和 0.77。

第4章 结　语

本书对滑动测微计的基本原理、标定方法和基本使用方法进行了详细的介绍；将工程实践中总结的滑动测微计在灌注桩内力测试中的应用方法做了具体的描述，并总结了测管安装与测试过程的关键要点；发明了PHC管桩内力测试用填充材料，总结了PHC管桩测管安装与测试过程的关键要点；对滑动测微计测得的数据进行分析与计算，将测得的桩身应变，经过平均应变（灌注桩）、断面修正后，利用添加约束的多项式拟合方法对测得的桩身应变进行拟合，在此基础上，计算得到桩身轴力与侧阻力；此外在黄土区桩基内力测试的实践中，针对黄土区负摩阻力测试过程中会产生徐变并对桩基内力测试产生严重影响的问题，发明了专门的装置和方法消除黄土桩基长期测试过程中由于徐变导致的影响，提高了桩基负摩阻力测试的准确性。

本书第3章中详细介绍了3个滑动测微技术在桩基内力测试中的应用案例，包含了2个灌注桩和1个PHC管桩的工程案例。其中案例二、案例三采用黄土桩基试坑浸水试验的形式进行，对试桩分别按照"天然""先湿"和"后湿"三种工况分别进行载荷试验与内力测试，对桩基在天然和浸水条件下的内力分布特征与荷载传递规律进行了全面的分析。三个案例包含的12根试桩，均准确反映了各个工程场地的桩基受力特点，说明采用滑动测微技术进行桩基内力测试的方法是成功的。

滑动测微计直接测试的是桩身应变，相较于传统的钢筋计桩基内力测试方法，省去了通过其他测试物理量转换成桩身应变的过程；同时其在长期监测过程中，可以对探头随时进行标定，以消除探头零点漂移和温度的影响；此外它获得的是连续的应变测试结果，可以对桩身内力分析得更为细致；结合桩顶沉降的测量，任意断面的桩身位移测试也具有较高精度。综合各方面因素，滑动测微计仍为当前进行桩身内力测试和负摩阻力长期监测的出色设备。与此同时，也应意识到，要使滑动测微技术能高质量地进行桩基内力测试，需要以精心测试为前提；另一方面，滑动测微技术确实对操作人员的细致程度提出了非常苛刻的要求，有必要继续通过一些研发减少操作人员的工作强度。

参 考 文 献

[1] Kovari K，Peter G. Continuous strain Monitoring in the Rock Foundation of a Large Gravity Dam，Rock Mech. and Rock Engineering, Inter. Journal, 1983, 16 (3).

[2] Kovari K，Amstad Ch. Fundamentals of Deformation Measurements [C]//Proc. Int. Symp. on Field Measurements in Geomechanics，Vol. 1，Zürich，1983.

[3] Kovari K. Detection and Monitoring of Structural Deficiencies in The Rock Foundation of Large Dams [C]. Commission Internationale Des Grands barrages, 1985：695-719.

[4] 李光煜. 国外岩体变形测量技术 [J]. 岩石力学与工程学报, 1982, (1)：123-136.

[5] 李光煜. 滑动测微计及简介 [J]. 岩石力学, 1988, (1)：79-83.

[6] 李光煜，黄粤. 岩土工程应变监测中的线法原理及便携式仪器系列 [J]. 岩石力学与工程学报, 2001, 20 (1)：99-109.

[7] 中国工程建设标准化协会标准. CECS 369：2014 滑动测微测试规程 [S]. 北京：中国计划出版社, 2014.

[8] 李大展，滕延京，何颐华. 湿陷性黄土中大直径扩底桩垂直承载性状的试验研究 [J]. 岩土工程学报, 1994, 16 (2)：11-21.

[9] 衡朝阳，何满潮，景海河，王雪峰. 王曲与蒲城电厂湿陷性黄土地基浸水试桩比较 [J]. 工程勘察, 2002，第 3 期：19-22.

[10] 中华人民共和国国家标准. GB 50010—2010 混凝土结构设计规范 [S]. 北京：中国建筑工业出版社, 2015.

[11] 中华人民共和国行业标准. JGJ 106—2014 建筑基桩检测技术规范 [S]. 北京：中国建筑工业出版社, 2014.

[12] 徐仲，张凯院，陆全，等. 矩阵论简明教程 [M]. 第 3 版. 北京：科学出版社, 2014：54, 83-84.

[13] 贾俊平. 统计学 [M]. 北京：清华大学出版社, 2004：327-328.

[14] 陈尚桥. 用滑动测微计实测桩的荷载传递函数 [J]. 岩石力学与工程学报, 2005, 24 (7)：1267-1271.

[15] 刘争宏，郑建国，于永堂. 湿陷性黄土场地 PHC 桩竖向承载性状试验研究 [J]. 岩土工程学报, 2010, 32 (S2)：111-114.

[16] 刘金砺. 桩基础设计与计算 [M]. 北京：中国建筑工业出版社, 1991：31-36.

[17] 刘争宏，郑建国，张继文，等. 湿陷性黄土地区桥梁桩基工后沉降计算方法研究 [J]. 岩土工程学报, 2014, 36 (2)：320-326.

[18] 史佩栋. 桩基工程手册 [M]. 北京：人民交通出版社, 2009：59-61.

[19] 张广林. 国营 524 厂金工车间单桩负摩擦力试验 [J]. 岩土工程技术, 1998, (1)：41-64.

[20] 李大展，何颐华，隋国秀. Q_2 黄土大面积浸水试验研究 [J]. 岩土工程学报, 1993, 15 (2)：1-11.

[21] 孙海林，叶列平，丁建彤. 混凝土徐变计算分析方法 [C]//赵铁军，李秋义. 高强与高性能混凝土及其应用——第五届学术讨论会论文集. 北京：中国建材工业出版社, 2004：180-186.

[22] 晏育松. 混凝土收缩、徐变的计算理论 [J]. 科技广场, 2007, (4)：250-252.

[23] 李之达，邓科，李耘宇，等. 混凝土徐变及其在桥梁预拱度设置中的应用 [J]. 交通科技, 2006, (6)：14-16.

[24] 陈武，段文生，侯建国，等. 大体积混凝土徐变试验研究 [J]. 武汉大学学报（工学版）, 2007,

40（增刊）：519-521.

[25] 唐家华，张玉坤. 混凝土徐变的分析与研究［J］. 泰州职业技术学院学报，2005，5（6）：24-26.

[26] 宋子康，蔡文安. 材料力学［M］. 上海：同济大学出版社，1998：53-56.

[27] 王东红，谢星，张炜，等. 黄土地区超长钻孔灌注桩荷载传递性状试验研究［J］. 工程地质学报，2005，13（1）：117-123.

[28] 陈长植. 工程流体力学［M］. 武汉：华中科技大学出版社，2008：248-258.

[29] 中华人民共和国国家标准. GB 150—2011 压力容器［S］. 北京：中国质检出版社，2012.

[30] 严裕民. 可泵性混凝土在输送管中的应力状态［J］. 工程机械，1986（03）：17-20.

[31] 中华人民共和国行业标准. JGJ/T 10—2011 混凝土泵送施工技术规程［S］. 北京：中国建筑工业出版社，2011.